바르셀로나
공기의 절반은
담배 연기다

바르셀로나 공기의
절반은 담배 연기다

2018년 9월 15일 초판 1쇄 찍음
2018년 9월 25일 초판 1쇄 펴냄

지은이   박희용
펴낸이   이상
펴낸곳   가갸날
주소   경기도 고양시 일산동구 강선로 49 BYC 402호
전화   070.8806.4062
팩스   0303.3443.4062
이메일   gagyapub@naver.com
블로그   blog.naver.com/gagyapub
페이지   www.facebook.com/gagyapub
디자인   강소이

ISBN   979-11-87949-25-1(03980)

이 도서의 국립중앙도서관 출판시도서목록(CIP)은 서지정보유통지원시스템 홈페이지
(http://www.nl.go.kr/cip.php)와 국가자료공동목록시스템(http://www.nl.go.kr/kolisnet)에서
이용하실 수 있습니다.(CIP제어번호:CIP2018027786)

바르셀로나

안개의 저반은 다빼 연기다

박희용
지음

연기다

가갸날

'일상의 풍경'은 그렇다. 어림잡아 1년에 아침은 350번 정도, 저녁은 300번 정도 아버지를 모시고 식사를 한다. 쉽게 말해 출장이나 피치 못할 개인 일정을 제외하고는 웬만하면 아침저녁을 같이 먹는다는 뜻이다.

30년 전 어머니가 불의의 사고로 돌아가셨다. 황망 중에 아버지를 위해 해드릴 수 있는 게 별로 없었다. 자연스레 아버지와 함께 식사하는 게 일상의 풍경이 되었다.

여행은 그래서 늘 시간의 문제였다. 직장에 얽매여서, 돈이 없어서, 일이 많아서, 체력이 감당이 안 되어서, 떠나는 걸 불편해 해서, 낯을 몹시 가려서, 영어를 못해서가 아니다.

프리랜서, 돈 잘 버는 마누라, 천성적인 게으름, 타고난 체력, 떠돌이의 혼, 총무 역할 전문가, 눈치코치 3개 국어에 덤으로 혈액의 절반은 술로 채웠다.

늘 떠나고 싶었다. 그만큼 더 절실하게 '일상의 풍경'을 지키고도 싶었다. 타협이 쉬울 리 없었다.

하여 떠나는 자체가 어려웠다. 아버지를 모시는 일의 한 축을 충실히 담당했던 집사람이 전가의 보도처럼 '여행은 가슴 떨릴 때 가야지 다리 떨리면 못 간다'는 말을 불현듯 꺼내면 그럴 때 못 이기는 척 비행기를 타곤 했다.

집 나와서 폼나게 비행기를 타든, 평범하게 기차에 오르든, 아니면 그냥 두 발로 걷든 일단 떠났으면 그게 여행이지 별건가 싶다. 떠나기 전까지 노심초사하다가도 막상 떠나면 오직 그 시간만큼은 자유로웠다. 시간이 아쉬웠다. 아쉬운 만큼 그 시간이 고마웠고, 그 시간과 함께 숙성되어 가는 사람들의 정이, 배려가 눈물겨웠다.

시간적으로 자유롭지 못하다 보니 번듯한 여행이라고 내세울 게 없다. 이 책이 초보 여행자의 감상일 수밖에 없는 연유다. 그럼에도 책으로 엮을 용기를 낸 것은 여행이건 일상이건 결국은 살아가는 이야기라는 생각에서다.

일생을 살면서 가장 보람 있었던 여행은 누님과 함께 좌우 호위무사가 되어 아버지를 모시고 다녀온 일본 여행이다. 해방 전에 일본에서 태어나신 아버지는 귀국 후 단 한 번도 태어나신 곳을 가보지 못하셨다. 그 깊은 생채기를 보듬어드린 특별하고 어려웠던 '귀향'의 감동이 내 가슴 속에도 소중히 아로새겨져 있다. 아버지께서는 올해 9순을 맞으셨다. 이 몇 줄의 여행기가 아버지와 다시 여행을 떠날 가능성의 끈을 지탱하는 버팀목이 되기를 바라는 마음 간절하다.

여행은 떠나는 것, 떠남으로써 완성되는 그리움 같은 그것!

2018년 여름 초입에

차례

어떤 귀향

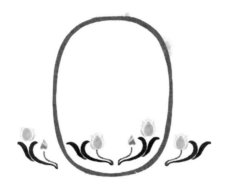

미안하다,
올레여!

    2014년 4월 30일부터 5월 7일까지 주어진 어린이날 연휴를 최대한 활용하여 늘 마음속에 품고만 있던 제주 올레길 완주에 나섰다. 친한 후배와 단기간 내 올레길 완주라는 치기어린 목표를 세우고 호기롭게 나선 도전이었다. 그러나 당연한 수순으로 엄연한 현실의 벽 앞에서 만용을 부릴 나이가 아니라는 통렬한 반성을 뒤로 하고 중도에 뜻을 접을 수밖에 없었다.

    '끊어진 길을 잇고, 잊힌 길을 찾고, 사라진 길을 불러내어 띄엄띄엄 찍는 점의 여정이 아니라, 그 점들을 이어가는 긴 선의 여행'이라는 올레의 기본적인 철학을 애써 무시하려던(미안하다, 올레여!) 철없는 '젊은 오빠'들이라니. 둘은 '느릿느릿한 게으름뱅이'라는 의미를 지닌 올레의 상징 조랑말 '간세'에게 몹시 호된 신고식을 치르고는 현실의 세계로 복귀해야 했다.

    올레길의 철학적 배경이며 코스의 의미며 숨어 있는 스토리에 더해 제주 특유의 오름이나 바다의 숨 막히는 풍광에 대한 소감이라면 애정을 가진 많은 이들이 이미 잘 정리해 놓았으니, 편년체 식의 지루한 여행

감상문은 예의가 아닐 것이다.

다만 매 끼니마다 다른 음식 맛보기라는 그럴 듯한 기치를 살짝 앞세워, 사실은 일주일 동안 200km 남짓한 거리를 정말 힘들게 걷고 또 걸었다는 무용담을 애써 억누르기로 한다.

애당초 그 후배의 꼬임에 넘어가서는 안 될 일이었다. 회사가 5월 1일부터 6일까지 몰아서 연휴를 준 것도 빌미가 되긴 했다. 최근 몇 년 동안 제대로 된 휴가를 갖지 못했던 것을 핑계로 한 번 떠나보자는 데 의기가 투합했다. 하나의 원칙은 둘 다 지금까지 살아온 성향상 느긋한 휴식 여행은 성에 안 차니 세파에 찌들어 게을러터진 몸을 한번 제대로 학대(?)해 보자는 것이었다.

열흘 정도 약간 무리해서 걸으면 제주 올레 26개 전 구간 425km 가운데 곁가지(18-1 추자도, 10-1 가파도 등) 5개 코스를 제외한 나머지 21개 구간을 주파할 수 있다고 했다. 오매불망 촌놈들의 로망인 바다를 원 없이 보면서 제주 외곽을 거의 한 바퀴 돌 수 있으니 이번에야말로 양보할 수 없다는 마음이었다.

도상 연습 대 실제 상황

공식 연휴에 며칠의 휴가를 더해 4월 30일부터 5월 10일까지의 일정을 확보했다. 일반 직장인이라면 말 꺼내기 결코 쉽지 않은 상황일 것이다. 하지만 간만의 휴식이 꼭 필요하다고 주변에서 이해해 준데다 긴 사설로 양해를 구하는 것과는 거리가 먼 평소의 성질 고약한 심사를 회사에서 애써 받아준 탓이 아닐까 싶다.

사전 도상 연습 결과는 명쾌했다. 출발일인 4월 30일 제주공항에 도착해서 간단히 점심 먹은 다음 1코스를 걷는다. 5월 1일부터 9일까지 순차적으로 매일 두 코스를 기본으로 걷되, 컨디션 좋은 날 하루는 세 코스를 주파한다. 돌아오는 날인 5월 10일 서둘러 21코스를 마지막으로 가뿐하게 걸은 후 저녁 비행기로 올라오면 끝!(유단자인가?)

집사람이 해외출장 중이라 그의 절친인 J&J 시스터즈와 고교 동창 L의 요란한 환송회를 뒤로 하고 호기롭게 올레길 공략에 나섰다. 그러나 실제 상황은 우리 편이 아니었다. 하루 두 코스를 걷는 자체가 아주 무리는 아니었지만, 며칠간 누적해서 진행된다는 게 현실적인 문제였다.

이삼 일 걸어본 결과 저녁이 가까워오니 체력이 급격히 저하되었다. 게다가 올레길 이정표의 시작과 끝인 파란색과 주황색

리본을 인식할 수 없어, 해가 지면 더 이상 나아갈 수 없는 상황에 봉착했다. 아무리 애를 써도 하루 30km 정도를 넘으면 무리라는 판단이 내려졌다(매일매일 종착지에서 숙소로 이동하고, 숙소에서 다시 출발지로 이동하는 거리는 별도다).

아무리 잔머리를 굴려보고 슈퍼컴퓨터로 계산을 해봐도 최소한 1개 코스를 못 걷거나 혹은 다 걷기에 하루 정도가 모자란다는 안타까운 답이 나왔다. 가슴이 저려왔다. 하루쯤 연장하면 되지 않느냐고? 물론 안 된다. 정말 어렵게 확보한 심리적 마지노선에 하루를 추가한다는 것이 생각처럼 간단한 일은 아니다.

어차피 목표 기간 내에 완주가 어렵다면 무모한 고집을 피울 필요가 없었다. 후배와 짧지만 불꽃 튀는 긴급 대책회의 끝에 아쉬움을 뒤로 하고 공식적인 연휴 기간만 걷기로 결론을 내렸다. 때마침 연휴 끝이라 비행기 표를 구할 수 없어 공식 연휴 하루 뒤인 5월 7일 귀경하게 된 것이다.

후배에게 따졌다, 그 기간에 완주가 가능하다고 누구에게 들었느냐고? 실은 마라톤 풀코스 수십 회 완주에 사이클이며 패러글라이딩 등등을 아우르던 후배의 전력을 익히 알고는 있었다.

수년 전 패러글라이딩 도중 돌풍에 휘말려 낙하하는 대형 사고를 당한 후 어쩔 수 없이 우리 같은 평범한 수준으로 복귀

1부 어떤 귀향

할 수밖에 없었을 것이라고 믿었던 후배의 대답은 그러나 허를 찔렀다.

"형, 울트라 마라톤 동호회 지인들에게 들었지!"

제주의 반은 꿩이 점령했고

삼다도三多島 제주에는 여전히 돌과 바람이 많았다. 하지만 올레 코스가 도심이 아닌 한적한 외곽으로만 돌다 보니 여자는 커녕 사람 자체를 보기가 쉽지 않았다. 황금연휴이고 워낙 유명세를 탄 올레길이라 사람들로 북적일 것이라는 선입견은 여지없이 무너졌다.

웬만한 산 어디서고 미어터지는 인파에 시달리던 우리를 축복처럼 호젓함이 위로해 주었다. 게다가 잊을 만하면 무더기로 나타나는 갖가지 형태의 묘지는 고즈넉함을 극대화시켜 주었다.

온갖 새소리가 인적 없는 올레길을 호사스럽게 채워주고, 어디서나 꿩이 푸드덕 날아다녔다. 마치 제주도 전역을 네트워크화한 듯 거의 전 코스에서 꿩들은 물샐틈없이 앞뒤로 우리를 호위해 주었다. 우리의 반응은 이렇게 변해 갔다.

'야, 꿩이다!'

'꿩이다!'

'꿩이야?'

'꿩이군!'

'또 꿩이야?'

'꿩!'

'끄응…'

심지어 6일차 모슬봉 공군 레이더 기지 올라가는 산기슭에서 꿩 세 마리가 지척에서 '편대비행'을 하는 모습을 보고는 할 말을 잃기도 했다.

'느릿느릿한 게으름뱅이'라는 의미의 조랑말 '간세'가 제주 올레의 상징이 될 만큼 여기저기 방목되거나 사육되는 말이 제법 많았다. 또한 그 숫자만큼 말똥이 지천으로 널려 있었다. 이름 모를 오름 정상에서 저절로 탄성이 터져 나오는 아름다운 경치를 구경할 때도 말똥 냄새는 어김없이 바람결에 실려 왔다. 말똥 냄새가 조연이 아니라 주연이었다. 더러는 채 1m도 떨어지지 않은 말떼 옆을 눈치 보며 지나치기도 했다.

한 가지 예상치 못한 광경은 거의 무방비 상태로 방치되다시피 버려진 무며 감자였다. 채산성이 안 맞은 것인지, 수확할 인력이 모자란 것인지, 지력 향상을 위해 일부러 내버려 둔 것인지 알 수 없으나, 좀 심하다 싶을 정도로 발길 닿는 곳마다 널려 있었다.

마치 메밀꽃처럼 온 밭을 가득 채우고 있던 하얀 무꽃의 장관이여! 철이 그러해서인지 마늘이며 쪽파 밭 역시 제주 전역 어디에서고 끝도 없이 펼쳐져 있었다.

나머지 절반은 중국인들이 점령했더라

도로가 잘 닦여 있고 접근성이 좋은 유명 관광지를 지나는 코스에는 어김없이 중국인 관광객들이 활보하고 있었다. 호텔이나 제법 괜찮은 콘도며 리조트도 예외 없이 중국인들로 넘쳐났다.

세월호 참사의 여파로 수학여행 학생들이며 내국인 관광객이 급감한 현실에서 현지 주민들로서는 중국인 관광객이 여간 반가운 게 아닐 것이다. 하지만 한편에서는 걱정하는 소리도 들린다. 제주 최고층 호텔이며 헬스케어 센터, 대규모 쇼핑몰 등에 집중적으로 투자하고 있는 실체는 바로 중국 자본이란다. 몇 년 후에는 중국인 관광객이 자국 국적 항공편으로 입국해 중국자본이 투자한 시설에서 먹고 자고 쇼핑하고 이동하게 된다는 의미다.

이름깨나 알려진 관록 있는 식당들이 관광객을 상대로 왁자지껄한 장사를 하는 데 길들여져 가는 모습은 이제 남의 일이 아니다. 이런 와중에 제주 원주민들의 자존심은 여지없이 깨져

나가고 있다. 어렵사리 명맥을 이어가는 전통의 맛을 찾기 위해서는 뒷골목을 헤매야 한다는 탄식이 한라산 순한 소주에도 참이슬 빨간 딱지에도 진하게 배어 있었다.

길 위에서 만난 사람들

다시 생각해 봐도 우리가 걸은 올레길 어디고 사람들이 붐비지 않았음은 축복이었다. 단 한시도 멈추지 않고 서라운드 돌비 시스템으로 주변을 맴돌던 온갖 새소리는 단연 압권의 보너스였다.

잊어버릴 만하면 마주치는 올레꾼들은 거개가 혼자였다. 그것도 여성 혼자인 경우가 압도적으로 많았다. 둘 혹은 네댓 명이 함께 걷는 경우가 아주 없지는 않았으나 대부분이 홀로였다. 어떤 사연을 담고 있는지 모르지만 혼자서 외로움과 벗하며 걷는 모습에서 태초의 길 모습이 이런 게 아니었을까 싶은 생각이 들었다.

첫날은 고즈넉이 걷는 사람들의 모습이 너무 여유롭게 보여 가벼운 눈인사도 자제했다. 자칫 방해라도 될까봐서였다. 이삼 일이 지나고 나니 '아하 이게 만만한 코스가 아니구나' 하는 자각이 들기 시작했다. 비로소 저렇게 가볍게 걷고 있는 듯한 모습 뒤에는 우리처럼 힘든 일상이 숨어 있을 것이라는 동병상련의 마음이 솟아나면서 짧지만 진한 애정이 담긴 인사를 나눌 수 있었다.

3코스 두모악까지 동행한 중년 남성의 경우가 그랬다. 길 떠난 지 오래인지라 너무 외로워 말상대가 그리웠다며 가벼운 인사를 덥석 받아 쌓인 회포를 풀어내는 바람에 본의 아니게 응대하기에 바빴다.

바쁘면 바쁜 걸음으로 느긋하면 느린 걸음으로, 누구는 세련된 아웃도어 룩으로 완전무장한 채, 혹자는 색 바랜 잠바에 우산을 지팡이 삼아, 저마다의 생각에 젖어 뜨는 해를 바라보거나 구름 사이로 물드는 저녁노을을 등진 채 걷고 또 걷는 모습들이 정겨웠다. 사람들에게 '왜 이 여행에 나섰나요' 하는 물음은 큰 의미가 없다. 왜 사느냐 묻거든 그저 걷기 위해서라고 답하면 그만!

첫날 첫 코스 시작점에서 만난 할머니 세 분을 생각하면 슬며시 미소 짓지 않을 수 없다. 성산 쪽에 있는 올레 전체 코스의 상징적인 시작점인 시흥초등학교를 찾아갔으나, 번듯한 조형물이나 북적이는 인파 대신 오수에 졸고 있는 듯한 전형적인 시골 초등학교의 모습에 일순 당황했다.

오로지 밥심으로 걷고 또 걸어야 하는데, 시작부터 굶을 수는 없지 않은가? 그런데 출정식 어쩌고 할 식당은 눈 씻고 봐도 찾을 수가 없었다. 고민 속에 이곳저곳 둘러보니 간판도 없는 작은 구멍가게가 가까스로 눈에 띄었다. 구순이 넘었다는 주인 할머니와 마실 온 할머니 두 분이 담소를 나누고 계셨다.

서울에서 온 촌놈들 점심으로 컵라면이라도 먹을 수 있게 물을 좀 끓여 달라고 정중히 부탁을 드렸다. 그 연세에도 오늘 노인회 점심 당번이라 마을회관에 가야 하니 물을 끓여주기 곤란하다며 꽃다운 처녀 적의 웃음을 흘리셨다.

마냥 같이 웃을 형편이 아니었다. 결국 그 흔한 바나나 우유도 없이 초코파이와 양갱, 평소 잘 쳐다보지도 않던 무슨 깡 같은 걸로 간신히 점심을 때웠다.

2일차 오후 3코스 온평에서 표선으로 가는 도중이었다. 중간 스탬프 확인점인 '김영갑 갤러리 두모악' 표지가 눈에 들어왔다(두모악은 한라산의 옛 이름이라고 한다). 한눈팔지 않고 오직 앞만 보고 걷기로 출발시 다짐했던 몇 가지 원칙 중 하나를 이번에는 깨기로 했다.

사진에 대한 일가견은커녕 변변한 증명사진 한 장 없는 주제를 무릅쓰고 갤러리로 향했다. 제주와 아무 연이 없던 사람이 루게릭 병으로 죽어가는 순간까지 셔터를 눌렀다는 사진 몇 점은 봐야만 했다.

죽을힘을 다해, 그러나 심연 깊은 곳에서부터 주체할 수 없이 솟아오르는 그 어떤 힘에 의해 평생을 천착해 온 작가의 '외

22

로움과 평화'를 주제로 한 제주 풍경이 예사롭게 다가올 수는 없었다. 하지만 어느 오름 앞에 피사체가 되어 서 있는 모델의 슬프지만 무심한 듯 맑은 모습을 담은 사진 한 점이 뭔가 고뇌하는 척이라도 해야 하지 않을까 하는 나그네의 마음을 순식간에 풀어 주었다.

무지함을 무릅쓰고 고백하자면, 섬이고 바위고 고깃배고 심지어 물고기나 고둥이나 미역 줄기 하나 담기지 않은, 그냥 파란 바닷물에 정면으로 카메라 들이대고 찍은 사진 한 점이 가슴 시리도록 다가왔다. 저런, 시퍼런 바닷물에 카메라를 들이대다니! 비례니 대칭이니 구도니 하는 것은 아무 의미도 없이 느껴졌다.

4일차 정오쯤 강정마을 해군기지 공사장 울타리를 따라 걷는 코스로 접어들었다. 안에서 연속적으로 발파음이 들려왔다. 저간의 사정이야 어찌되었건 여전히 먼 배경으로 M신부님이 공사장 출입구에 미동도 않고 앉아 계셨다. 오늘도 어김없이 경찰병력에 둘러싸인 채 젊은 사제를 포함한 네 명의 단출한 인원이 미사를 드리고 있었다.

외항 방파제는 눈에 띄게 진도가 나간 상태였다. 거대한 크레인이 쉴 새 없이 움직이고 있었다. 구럼비 바위의 눈물이 장차 어떤 의미로 재해석될지 생각하며 꺼놓았던 휴대폰을 열고 L형에게 문자를 보냈다.

5일차 저녁에 소위 도미토리라고 하는 복층 침대구조를 가진 게스트하우스에 여장을 풀었다. 노친네 무작정 떠나는 게 영 못 미더웠던 집사람의 친한 친구가 같은 절에 다니는 도반의 초등학교 친구인 주인장을 소개시켜주어 연결된 터였다. 혹 불편함을 느낄 수 있는 중년들을 위해 4인 구조의 방을 둘이서만 쓰도록 친절을 베풀어 주었다.

아뿔싸! 하지만 게스트하우스는 우리의 영역이 아니었다. 샤워실 문을 여는 순간 몸이 굳고 말았다. 굳이 넘겨다보면 속이 들여다보일 정도의 과히 높지 않은 칸막이를 두른 샤워 부스가 마찬가지 구조의 화장실과 서로 얼굴을 맞대고 있었다. 쉽게 말하자면 편하게 비누칠은커녕 소리조차 마음대로 낼 수 없는 형편이었다. 우리를 제외한 나머지 투숙객은 모두 젊은 여성들뿐이었으니까!

스스럼없이 제 할 일 다 하는 젊은 여성들에게 포위되어 화장실 가기도 포기했다. 방문 꼭꼭 걸어 잠근 채 우리는 끝내 숨쉬는 것조차 속으로 삼켜야 했다. 쉴 새 없이 엎치락뒤치락하며 누구를 향한 저주를 밀교의 주문마냥 중얼거리며 밤을 하얗게 지새웠다.

게스트하우스라니? 그냥 민박이라고 했으면 마음 자세가 달라지지 않았을까. 그렇다. 학창 시절 또는 사회 초년병일 때의 배낭여행을 되새김하기에는 그새 우리가 너무 나이 들어 있었다.

하나라도 더 챙겨주고 가능한 모든 친절을 베풀어주신 주인 부부에게 미안했다. 정말 고맙다는 인사를 제대로 하지 못했음을 저간의 사정을 감안하여 이해해 주시라!

라면 없이 생존할 수 있었을까

절반의 완성인 이번 여정이 그 절반이나마 성공한 배경이 따로 있다. 쾌적한 환경에서 잠 푹 자고 먹는 것에 아낌없이 투자해야 한다는 후배의 경험에서 나온 현실적인 결정이 든든히 자리 잡고 있었던 것이다.

분명 출발 전에는 2박3일이라면 거꾸로 매달아도 잘 수 있고, 어떤 거친 음식도 이겨낼 자신이 있다는(한참 젊은 시절 배낭여행 다니던 때의 기백을 잠시 빌려온 착각 탓이겠지만) 의욕이 앞섰다.

그러나 50대 중후반의 어느 정도 머리 벗겨지고 인격의 아랫배가 한국 표준치만큼 나온 처지에, 더군다나 열흘 이상을 중노동에 시달리려면 확실히 믿을 것은 밥심밖에 없다는 것이 정답일 터였다.

그리하여 이번 여정의 양보할 수 없는 한 축은 매 끼니 다른 음식을 맛보자는 것이었다. 언감생심, 그러나 우리의 미각 기행은 첫발부터 전혀 예상치 못한 방향으로 어긋나기 시작했더라.

상징적인 1코스 출발점에서부터 제대로 된 식사는커녕 컵라면 끓일 물도 구하지 못해 초코파이와 양갱으로 출정식을 치렀다. 그나마 오후 3시쯤이나 되어서야 1코스 중간 스탬프 확인점인 목화휴게소에서 오징어 듬뿍 넣고 청양고추로 조미한 해물라면으로 겨우 혈색을 되찾을 수 있었다.

본의 아닌 라면 사랑은 계속되었다. 2일차 아침에도 숙소에서 컵라면으로 때웠다. 조금이라도 걸을 시간을 더 확보하려는 생각에 식당 오가는 시간이 아까웠던 것이다.

라면 파티는 여정의 마지막 날 한라산 등반길까지 연결되었다. 백록담을 목전에 둔 진달래밭 광장 대피소에서 선택의 여지없이 1인당 2개 한정으로 판매하는 컵라면을 줄을 서서 경건하게 받아 들어야 했다. 양갱으로 간을 맞췄음을 수줍게 고백해야겠다.

매끼 다른 종류의 음식을 먹어 보자

어둠이 있으면 밝음이 있다 했던가? 1코스 가뿐히 해치우고 2코스 진행하기 전 성산포구 근처 해녀의 집에 인사를 했다. 나이든 해녀들이 내놓은 어린애 팔뚝만한 홍삼(일반 해삼과는 달리 실제로 색이 검붉다)은 전 일정 내내 우리를 지켜준 보양식이 되었다고 장담한다. 치아 부실로 올곧게 씹지도 못했지만, 드디어 여정이 시작되었다는 묘한 설렘과 첫 코스를 무사히 완주했다는 안도감이 몰려왔다. 한라산 순한 소주의 절묘한 마리아주가 우리를 달래주기에 충분했다.

흥에 겨운 분위기에 나는 끝내 후배 앞에서 시인의 이름을 발설하고야 말았다.

나는 떼어놓을 수 없는 고독과 함께
배에서 내리자마자 방파제에 앉아 술을 마셨다
해삼 한 토막에 소주 두 잔.
이 죽일 놈의 고독은 취하지 않고
나만 등대 밑에서 코를 골았다
— 이생진 시 〈그리운 바다 성산포〉

2코스 종착지 온평포구 간이매점에서는 주인아저씨가 준치(경상도에서는 피대기라고 부르는 반건조 오징어)를 널어 말리기에 여념이 없었다. 점심을 챙겨 주시는 아주머니의 전복 뚝배기도 기대를 저버리지 않았다. 저녁으로 선택한 휘닉스 아일랜드 입구 '해물마당'의 갈치구이와 오분작 뚝배기는 비로소 잠들어 있던 미각 세포를 깨워 제주 여행의 참맛을 확인시켜 주었다.

2코스와 3코스를 내처 걸은 이틀째 종착지는 표선 포구였다. 만조 때라면 해안선을 따라 한참을 돌아갔을 길을 맨발로 백사장 가로질러 폼 잡으며 도착했다. 그곳 식당의 흑돼지 모듬구이는 주인 아주머니의 나그네에 대한 세심한 배려와 함께 왜 제주의 대표 음식이 되지 않으면 안 되는지를 맛으로 기억시켜 주었다.

　　3일째 아침, 누적된 피로에 벌써 발바닥 여기저기서 아우성치는 물집을 터트려 겨우 진정시키고 정신없이 나섰다. 5코스 출발지 남원포구에는 아침 일찍 문을 연 식당이 없었다. 하는 수 없이 그저 그러려니 하고 들어간 24시간 뼈해장국집에서 정신을 번쩍 들게 하는 매운 청양고추와 양파가 어우러진 작은 감동을 맛보았다.

　　점심 무렵 5코스 종착지 쇠소깍에 도착했다. 올레길에서 잠시 벗어난 지점의 식당에서 제주에서 반드시 먹어 보아야 한다고 귀 아프게 들었던 자리물회를 만났다. 운 좋게도 이제 막 시즌 시작이라는 덕담과 함께 질리도록 맛보는 행운을 누렸다. 산지 인심이 더 야박한 경우를 심심찮게 경험했던 터라, 고명으로 올라오길 기대했던 배의 아삭아삭한 질감이야 양보할 수 있었다. 시즌 시작을 축하하는 풍성한 자리물회의 신선함과 더불어 참으로 넉넉하게 배어 있던 인정의 맛을 깊이 기억해 두리라.

　　내친 김에 6코스 외돌개까지 주파했더니 어느새 저녁이 기다리고 있었다. 택시기사들이 강력 추천하는 서귀포 시내의 유명한 맛집 '기다리는 집'에 들렀으나, 이름값 하느라 30분은 족히 기다려야 한단다.

미련 없이 비슷한 지명도를 가진 '삼보식당'으로 옮겼다. 전복구이와 성게 미역국으로 지친 몸을 마음껏 위로한 후 보너스로 흑돼지 김치찌개까지 깨끗하게 해치웠다.

산악인들의 전설적인 비방

4일째 아침, '먹는 양에 비례해서 걸을 수 있다'는 주문을 되뇌며 토스트와 계란프라이와 베이컨과 감귤 주스와 뭐 그런 저런 뷔페 음식으로 배를 입추의 여지없이 빵빵하게 채웠다. 후닥닥 고양이 세수를 하고 난 다음 물집에 테이핑하고 파스로 중무장한 몸을 다시 올레길에 올려놓았다.

전체 제주 올레길에서 가장 풍광이 뛰어나 관광객들이 최고로 선호한다는 7코스! 출발지 외돌개에서부터 단 한 순간도 바다에서 눈을 떼게 하지 않는 압도적인 비주얼을 선사했다. 발걸음을 내딛는 자체가 참으로 행복했다.

점심은 중간 스탬프 확인점인 풍림 바닷가 우체국 근처의 젊은 부부가 운영하는 횟집을 선택했다. 배고픈 우리네 사정은 아랑곳하지 않고 수족관에서 생선을 꺼내놓고는 뭔가 부족한지 근처 가게를 오가기도 하며 아주 애를 바짝바짝 태웠다. 그러나 회덮밥에 밥보다 더 많이 들어 있는 살아 있는 질감의 두툼한 횟감의 주체할 수 없는 맛을 보는 순간 순식간에 무장해제되지 않을 도리가 없었다.

하루에 두 개 코스를 끝낸다는 원칙 아래 8코스까지 주파한 저녁에는 대명포구의 '명물식당'에 들렀다. 고등어구이와 옥돔구이가 생각보다 씨알이 작아 아쉬웠다. 아마도 누적된 피로감 탓에 음식 맛도 제대로 감상할 여유가 없었으리라. 누적거리 100km를 넘으니 하루를 마무리하는 종례의식인 폭탄주 마실 기력조차 나지 않았다.

하루 종일 비가 오는 5일째, 컨디션은 최악으로 내몰리고 있었다. 소리 없는 안개비에서 시작하여 시간이 지나면서 제법 추적추적 내리던 비가 온종일 우리를 따라다녔다. 빗물은 물먹은 등산화 뒤축을 질기게도 끌어 당겼다.

엎친 데 덮친 격으로 발가락의 물집은 명함도 못 내밀 일이 터졌다. 오른쪽 발목 복사뼈 위쪽이 등산화에 눌려 한 걸음 떼어놓기 끔찍한 지경이 된 것이다. 대일밴드는 간에 기별도 안 갔고, 아껴두었던 물집방지용 밴드에 테이핑을 해봐도, 손수건 두껍게 말아 끼워 넣어 봐도 몇 걸음 떼기가 힘들었다.

급기야는 후배가 아껴두었던(?) 응급처치법을 동원했다. 산악인들에게 전설처럼 내려오는 비방 중의 비방, 여성용 패드를 간이휴게소에서 간신히 구해 겨우 급한 불을 끌 수 있었다. 간식으로 먹는 양갱에서 떨어지는 것이 빗물인지 눈물인지 정녕 알 수 없었다.

힘든 날일수록 엉뚱한 기대에 시달리게 된다. 걷다가 문득 나타나는 이정표의 거리가 더도 덜도 말고 딱 1km쯤 줄어들어 있는 상황이 일어나기를 간절히 기대해 본다. 하지만 현실은 늘 걷는 만큼만 줄어들 뿐인 것을 어찌할 것인가?

9코스 종착지 화순 안내소를 지나 안덕에서 늦은 점심으로 선택한 고할망네 고기국수가 그나마 작은 위안이 되었다. 싸구려 1회용 우의를 벗었다가 입었다가를 반복하며 10코스마저 주파했다. 11코스 초입의 대정성지(천주교 정난주 마리아 묘지)까지 다다른 뒤에야 하루 일과를 마무리할 수 있었다.

가까스로 서귀포 시내로 말 한마디 나누지 않고 이동했다. 산행에서 신발만큼은 양보해서는 안 된다는 후배의 권유대로 복숭아뼈를 덮지 않는 트레킹화를 샀다. 고통스런 기억들이 활화산처럼 분출되어 스스로에게 하루 종일 참았던 분노를 폭발시켰다. 성게보말국과 해물뚝배기가 결코 수준이 떨어지지는 않았지만, 쓰디쓴 입맛을 다스리기 쉽지 않은 힘든 하루였다.

황금룡 뷔페식당의 따스한 배려

6일째 아침, 게스트하우스에서 토스트 몇 쪽과 계란프라이 2개로 아침을 때웠다. 전날 저녁 걸음을 멈췄던 대정성지로 이동하여 11코스 나머지 길을 주파하기 위해 다시 힘차게 발을 내디뎠다. 곧 세계 유일의 열대성 북방한계 식물과 한대성 남방한계 식물이 공존한다는 곶자왈로 접어들었다.

첫 시작은 기대 이상의 이국적인 경관 앞에 발걸음이 저절로 옮겨졌다. 그것도 잠시, 마치 베르나르 베르베르의 우화집에 나오는 한 장면을 떠올리게 하는 광경 앞에 경악을 금치 못했다.

'파라다이스'의 첫 장에 보면 교수형 당한 환경 파괴범들이 출근길 주변의 나뭇가지에 주렁주렁 매달려 있는 삽화가 나온다. 꼭 그 모습으로 자벌레 형상의 벌레들이 거미줄처럼 늘어진 가느다란 줄에 수도 없이 매달려 바람에 흔들리고 있었다.

어디서 보기는커녕 한 번도 들어본 적이 없는 그로테스크한 광경 앞에 비로소 적막감으로 포장된 약간의 공포가 우리 주변을 맴돌기 시작했다. 고풍스럽게 쓰러져 있는 나무 등걸을 감상할 새도 없이 두런두런 나누던 대화도 어디론가 사라지고 말없이 걸음을 재촉했다.

쫓기듯 앞만 보고 나아가느라 힘든 줄도 모르고 어느새 11코스 종착지인 무릉생태학교에 도착하여 겨우 한숨을 돌렸다.

이제는 끝났나 하는 안도감도 잠시였다. 문제는 눈 씻고 주위를 둘러봐도 식당을 찾을 수가 없었다는 것이다.

오로지 먹는 힘으로 하루하루를 지탱하는 일정이 아닌가. 더 이상 인적이 드문 길을 고집하는 것은 무리라고 판단하여 일단 인가가 보이는 마을로 들어섰다. 제법 큰 규모에도 불구하고 구멍가게 하나 안 보여 다리에 맥이 풀렸다.

마을회관 앞에서 마침 마실 나온 노인 한 분을 가까스로 만났다. 사정을 이야기했더니 혀를 끌끌 차며 이곳에는 식당이고 편의점이고 없으니 이를 어쩌냐고 오히려 걱정을 하신다.

낙담 끝에 염치 불구하고 집에서 먹던 라면이라도 끓여 달라는 말이 목울대를 막 넘어서려는 지경까지 갔다. 다행히 마을 외곽을 좀 벗어나면 허브 농장이 있고 그 근처에 식당이 있을 거라는 말씀을 복음처럼 들려주셨다. 오로지 밥 먹기 위해 올레 코스를 벗어나는 위험을 감수할 수밖에 없었다.

알고 보면 아주 먼 거리는 아니었으나 어쨌든 20분 정도 더 걸어서 찾아간 곳에 축복처럼 식당이 기다리고 있었다. '황금 룽'이라는 생소한 이름의, 그러나 이 세상 어디보다 정직하고 옹골찬 맛의 저렴한 한식 뷔페식당이었다. 처녀라고 해도 곧이 들을 세련된 도회풍의 대구 출신 젊은 아주머니가 이곳 먼 제주까지 와서 수년 전 개성만점의 햄버거 가게를 정착시켰다고 한다.

그 탄력을 받아 뷔페식당을 개업한 지 채 몇 개월이 안 되었다는 설명이다. 반찬 가짓수가 쓸데없이 많기는 하나 정작 젓가락 갈 데가 없는 그렇고 그런 싸구려 식당과는 궤적을 달리하는 정말 알찬 메뉴로 길손을 반겨주었다. 이 가격에 이만한 품질이라니!

정작 감동은 이때부터 시작되었다. 며칠 강행군 끝에 찌들 대로 찌든 행색에 다리를 묘하게 저는 모습을 보고 올레꾼 아니냐고 말을 붙여주었다. 순간적으로 불꽃이 튀었다.

작정하고 떠난 길, 어떻게든 가야 할 길이니 며칠째 억지로라도 걷는 길이라는 말이 나도 모르게 튀어 나왔다. 순전히 밥을 먹기 위해 본 코스에서 벗어났다가 다시 돌아갈 생각을 하니 불과 20분 남짓한 짧은 거리라 하나 걷기가 죽기보다 싫다는 말이 저절로 내뱉어진 것이다.

점심 뒤끝이기는 하나 아직 마무리하기에는 이른 시간이었다. 그런데도 안주인은 새로 들어서는 손님은 안중에도 두지 않고 우정 코스를 벗어난 바로 그 지점까지 우리를 태워다 주었다.

값에 비해 너무도 여유로웠던 식사와 함께 올레꾼의 궁핍한 심경을 제대로 이해해 준 것이다. 주인아주머니의 따뜻한 배려가 이 여정의 나머지 절반을 책임져 줄 것이라는 확신이 들었다.

없던 힘까지 짜내어 거침없이 내처 12코스를 주파했다. 종착지 용수포구 절부암 어촌계 회관에서 떠먹는 요구르트로 기나

긴 여정이 마무리되었음을 자축했다.

　가벼운 발걸음으로 숙소로 이동했다. 저녁으로 주문한 리조트의 제주오름 정식 한 상은 지금까지 맛본 음식들의 종합 결정판쯤 되는 깔끔한 맛이었다. 서빙을 담당한 아가씨의 미소가 특별히 싱그러웠음을 덧붙여야겠다.

서비스로 나온 자리젓과 갈치속젓

　7일째 올레 순방을 12코스로 일단 마무리하고 기력을 회복한다는 명목으로 한라산을 오르기로 했다. 느긋하게 성판악 휴게소를 출발하여 선택의 여지없는 진달래밭 대피소의 라면으로 너덜너덜해진 몸과 마음을 위로했다. 백록담에 남아 있는 잔설을 보며 양갱으로 마지막 원기를 돋웠다. 인적 드문 관음사 코스로 하산했다. 짧지만 강렬했던 이번 여정의 마무리 길이었다.

　오히려 평지에서 걷기가 더 힘들 만큼 등산화 속의 발가락이 아우성을 치고 있었지만, 모처럼 한가해진 마음을 감출 수가 없었다. 무의식중에 콧노래도 불렀음이 틀림없다. 관광지에서 으레 터줏대감 노릇하는 바지통 넓은 운전기사의 협박에 가까운 택시요금도 흔쾌히 부담하며 신제주로 이동했으니 말이다.

환자 진료보다는 풍속 연구나 사진 찍기에 더 많은 시간을 보내는, 뭐 폼 잡는 의사 선생님과는 거리가 멀어도 너무나 먼 K 원장님과 그랜드호텔 뒤쪽 복개천 다리 앞에서 선글라스 신호로 접선했다. K원장님은 30여 년 전부터 이어온 최전방 철책사단의 의무대 동지였다.

무전기 형상의 핸드폰을 통해 신제주 어딘가에 있는, 그나마 관광객들이 몰려다니는 혼돈의 와류에서 벗어났다고 하는 토속 식당 '청해원'이 수배가 되었다. 서비스가 다소 거칠기는 하지만 외지인의 입맛에 적당히 타협하지 않은 듯한 갈치조림과 한치물회로 회포를 풀었다.

마지막 날 공항으로 나가기 전 제주 시내 탑동의 그 유명한 '물항식당'을 굳이 찾았다. 중국인의 공습으로 옛 정취를 잃었다는 제주 현지인들의 우려에도 불구하고, 서울 촌놈들 눈에는 부자 3년의 기본기가 흐트러진 정도는 아니었다는 것으로 위안을 받았다.

제대로 된 자리젓과 갈치속젓을 아낌없이 서비스로 주었다. 말로만 듣던 갈치국과 노르웨이 산이 아닌 '순 진짜 원조 국산 고등어조림'으로 제주 미각 여행의 대미를 화끈하게 장식했다.

마지막으로 예의상 귤 이야기를 조금 해야겠다. 그냥 귤은 미안하지만 논외의 대상이고, 비싼 탓에 선물로나 먹어 보던 한라봉도 제쳐 놓아야겠다. 천혜향이며 레드향이며 진지향이며 어린애 머리통만한 청견 따위를 심심해서 먹고, 물 대신 먹고, 배고파서 먹고, 안 먹으면 섭섭해서 먹고, 잠 잘 오라고 먹고, 내일 발가락 물집 잡히지 않게 해달라는 취침 기도용으로도 먹고 또 먹었다. 제주도에는 정말 귤이 많았다!

'바다가 안 보이는 카페'에 들어가 보고 싶었다

처음 생각하고, 기획하고, 답사하고, 수정하고, 설득하고, 행동으로 옮기고, 리본 달고, 화살표 그리고, 간세 자리 잡아 주고, 스탬프 도장에 잉크 채우고 한 모든 분들의 노고가 헛되지 않았다. 제주의 속살을 이만큼 보여주기가 쉽지 않았을 수고로움이 곳곳에서 느껴졌다.

기껏 2~3일 관광 와서 올 때마다 반복적으로 들르는 무슨 폭포며 동굴 앞에서 증명사진 찍고 '오분작뚝배기 맛이 이랬나' 하고 고개 갸우뚱했었다. 다음번엔 꼭 한라산에 올라야지 다짐하고는 쫓기듯이 빠져나오던 기억은 그러나 통째로 잊어버려도 좋았다.

오름은 오름대로, 말똥은 말똥대로, 귤밭은 귤밭대로, 섬은 섬대로, 바다는 바다대로! 원래부터 온전히 그 자리에 있던 제주의 한쪽 끝의 풍요와 다른 쪽 끝의 여유로움을 두 발로 구석

구석 누빈 연후에야 조금은 알겠더라.

시간에 쫓겨 끝내 들어가 보지는 못했지만 '바다가 보이는 카페'와 '바다가 안 보이는 카페'의 카푸치노 맛이 어떻게 다른지 참으로 궁금했다. 서귀포항을 중심으로 연이어 있는 세 개의 섬이 순서대로 섶섬, 문섬, 범섬인지 문섬, 범섬, 섶섬인지를 꼭 따져보고 싶었다.

모슬포 어딘가를 지나며 국토 최남단이라는 마라도가 좋은 날씨 탓에 유독 가까이 보여 '짜장면 곱빼기 두 개'를 소리치면 진짜로 바로 배달될 것 같은 느낌을 언제 느껴보겠는가?

4·3사건의 상처가 제주 전역에 얼마나 널리 퍼져 있는지, 제주 해녀들의 얼굴에 왜 그다지도 주름살이 많은지, 세월호의 이번 선장과 저번 선장이 모두 제주 사람이고, 평상시 몇 명의 관광객으로는 수지타산이 맞지 않아 활어차 가득 실어 나르던 배라는 이야기를 실감나게 들을 수 있었다.

배타적이기로 소문 난 제주 풍토에 힘들어 하면서도 의외로 서울 출신 택시기사들이 많다는 것도, 게스트하우스가 다름 아닌 민박집의 업그레이드 버전이며, 올레 2코스가 유독 지루해 거긴 빼고 걷는 경우가 많다고도 했다. 서울 사람들 남산타워 잘 안 가듯이 올레길 제대로 걸어본 적이 많지 않다는 제주 분들의 웃음이 피부에 생생하게 와 닿는 느낌이란!

시니컬하기로 버나드 쇼 뺨치는 K원장님이 "올레길 왔다며 선글라스 끼고 이삼 일 설렁거리며 똥폼 잡는 꼴은 많이 봤으나, 일주일 내내 1번부터 차례대로 무식하게 걷는 놈들은 처음 본다"고 혀를 찼다.

"그만하면 고생했다"는 평소 좀체 들을 수 없던 칭찬을 들은 것도 우리가 정말 무식하게시리 하루에 꼬박 10시간 이상씩 두 발로 걸었으니까 가능한 이야기였을 것이다.

그럼에도 불구하고 못내 아쉽고 속상한 것이 없지 않다. 내가 없었다면, 후배 혼자 왔다면 예정대로 완주를 할 수도 있었을지 모른다는 자괴감에 빠져든다. 두고두고 후배에게 미안하고 미안할 따름이다.

아쉬움이 아주 없을 수야 없지

아쉬움이 아주 없는 것은 아니다. 원래 취지대로 쫓기지 않고 여유롭게 둘러본다면 크게 문제될 일 없겠다. 하지만 비가 오거나, 바람이 심하게 불거나, 우리처럼 좀 빡빡하게 걷는 경우라면 상황이 다르다.

조타수 역할을 하는 파란색과 주황색의 리본이 잘 안 보이거나 일부 부실한 구간이 있어 방황하기도 했다. 하도 힘들어 중간에 좀 앉았다 가고 싶은데 전혀 그럴 만한 여건이 안 되는 곳도 더러 있었다.

확인 스탬프가 파손되거나 잉크가 제때 채워지지 않은 곳도 보였다. 어떤 구간은 어느 정도 거리 간격을 조율하기 위해 조금 무리하게 코스를 설정한 것이 아닌가 하는 의심이 들기도 했다. 잘 나가다가 사유지와 협의가 안 된 곳을 우회하는 경우는 왕짜증이 나기도 했다.

무엇보다 어떤 코스는 주거지나 대단위 귤밭이나 비닐하우스가 설치된 곳을 지나다 보니, 도로나 골목길 혹은 농로를 어쩔 수 없이 아스팔트나 시멘트로 포장한 곳이 나타나기도 했다. 당혹감과 함께 갑자기 기운이 빠지는 일이다.

이 문제는 그렇지만 짚고 넘어가야 할 정황이 개재되어 있다. 코스 종료하고 숙소로 돌아가던 택시 안에서 운전기사에게 이런 상황을 설명했다. 적어도 올레길이라면 어렵더라도 인공적인 포장 다 걷어내고 잔디길이나 하다못해 맨땅으로라도 해야 되지 않겠느냐는 불만을 토로했던 것이다.

그렇지만 돌아온 것은 "당연히 그렇지요" 하는 맞장구가 아니라 생각지도 않은 현지인들의 편치 않은 심사였다. 예전에는 딱히 담이라는 게 없거나 있다 하더라도 경계석 정도의 시늉만 낸 야트막한 담이 대부분이었다. 사람이 없더라도 문에 자물쇠 채울 일이 없는 것이 본래 인심이었다고 한다.

한데 올레길이 생기고 나서 지나가다 몰래 귤을 따먹고 가는 일이 애교로 봐줄 정도를 넘어서더니, 급기야 무리하게 잡아 당기다가 가지가 찢기거나 부러지는 경우가 다반사로 생겼다. 이런저런 집안 물건이 손 타는 일까지 심심찮게 벌어진다고 한다. 일부 주민들은 차라리 올레길 지정을 취소하라는 불만까지 토로한다는 것이다.

그렇구나! 올레길을 위해 제주도민이 존재하는 것이 아니지. 잠시 스쳐가는 외지인이 그 짧은 기간마저 자기 편한 생각만 했다는 게 갑자기 부끄러워졌다.

연장선상에서 생각해 보니 사유지의 경우도 일방적으로 길을 내 놓으라는 게 무리라는 사실을 인정해야겠다. 오히려 이런저런 어려움이나 심지어는 경제적인 손해를 감수하고라도 올레길이 자연스레 연결될 수 있도록 허락을 해준 분들에게 두 배로 감사를 드릴 일이 아닌가?

그런 점에서 고마움을 표해야 할 곳이 한두 곳이 아니다. 대표적으로 3코스 김영갑 갤러리에서 표선으로 가는 도중 바다 올레로 이름 붙은 신풍신천 바다목장의 광활한 초지를 꿈인 양 유영하듯 지나친 기억이 다시 새롭다. 중문의 하얏트호텔은 올레꾼들을 위한 화장실 안내표지까지 설치해 놓아 나도 모르게 기분이 좋아졌다.

뭐, 좀 걸었어!

동행한 후배는 나와 적어도 반평생 서로 의지하며 동고동락
해 온 그 지긋지긋한 무좀 걸린 발가락 하나하나를 매일 아침
라이터 불로 지진 바늘로 물집 터트려주고 알코올 소독하고 테
이핑 꼼꼼하게 해주었다. 그런데도 온갖 불평이며 잔소리 늘어
놓는 내게 대체로 질릴 법한 후배는 그렇지만 조금 시간이 지
나면 다시 말을 꺼낼 것이다.

"형, 다음 번 산티아고는?"

내 대답은 보나마다 뻔하다.

"마 치워삐라. 내 앞에서 산티아고의 ㅅ자도 꺼내지 마라!"

그런데 산티아고 800km는 며칠 걸으면 되나?

집으로 돌아오자 걱정하시는 영감님 눈치에 전혀 문제가 없
다는 듯이 행동하느라 사실 조금 힘들었다. 힘든 티를 내야 하
는데 그러지 못해 힘들었다는 뜻이다.

온 몸 쑤신 건 그럭저럭 파스 몇 장으로 버틸 수 있었지만, 입
술 부르트고 잇몸 들뜨는 건 감출 수 없었다. 주말 내내 집사람
이 꽁꽁 숨겨둔 아카시아 벌꿀 몰래 꺼내 입술을 도배하다시피
해서 겨우 위기를 벗어날 수 있었다.

이쯤에서 슬쩍 고백해야겠다. 빨리 이 '처참한' 몰골이 사
라지기 전에 주변에 자랑해야지 하는 마음이 사실 없지 않았

42

던 것이다. 고생했다는 의례적인 인사에도 별일 아니라는 투로 "뭐, 일주일 동안 한 200km 걸었지!"라고 은근 고생한 티를 내려 애썼다.

그런데, 그런데 말이다. 산을 조금이라도 다녀본 적이 있는 이들은 "정말 고생했다", "그 나이에 그만하면 대단하다"는 덕담을 아끼지 않았다. 그렇지만 정작 숨쉬기 운동 이외에는 별반 운동이랍시고 해본 적이 없는 집사람을 포함한 주변 대부분의 지인들은 몰라도 너무 몰랐다.

"고생했다더니 그 정도밖에 안 걸었어?", "대학생 국토순례도 하루에 50km 정도는 걷는 거 아냐?"라는 말로 김을 아주 제대로 빼는 것이었다.

그래 미안하다. 제주 올레길이 뒷짐 지고 '쓰레빠' 신고 마실 가듯 설렁설렁 걷는 길이 아니란 걸 애당초 무시한 우리의 죄가 크구나. 포장된 5·16 횡단도로가 아니라 오름을 오르고 해안가 바윗길을 지압봉 밟듯이 헤매어 보았냐고 묻고 싶었다. 산 정상을 헐떡이며 통과해야 하고 사유지를 지루하게 우회해야 한다는 사실을 애써 이해시키려 한 내가 어리석었다.

누가 강제로 시킨 것도 아닌데 자랑하려고 먼 길 걸어 돌아온 것이 아니지 않은가? 그렇다. 처음부터 내 대답은 이랬어야 했다.

"뭐, 좀 걸었어!"

다만 한 가지, 이 시점에서 정말이지 무슨 이유로 그리 몸을 학대하며 걸어야 했는지에 대해서는 그 누구에게도 말할 수 없다. 심지어는 제일 궁금해 하는 나 자신에게도!

어떤 귀향

서론이 길구나!

조용필의 19집 〈헬로〉가 장안의 화제가 되고 있다. 대단히 미안하지만 내가 이 앨범에 관심을 갖는 이유는 가수나 노래 때문은 아니다. 단지 이 땅의 산업화를 일군 주역이었으며 한때 민주화의 투사들이었으나 어느 순간 외로운 아버지이자 수구꼴통의 꼰대로 바야흐로 직장에서 밀려나고 있는 소위 베이비부머(1955~63년 사이에 태어난 전후 세대)들의 쓸쓸한 심정을 그린 서울대 사회학과 송호근 교수가 가사를 쓴 〈어느 날 귀로에서〉란 곡에 눈길이 가지 않을 수 없어서이다. 이미자의 〈동백아가씨〉이후 자력으로 부를 수 있는 노래라곤 없는 문화 사각지대의 원시인으로서 음악성 어쩌고 하는 것은 어불성설이다.

그렇다. 더도 덜도 말고 바로 그 베이비부머의 일원으로 부모 세대와 자식 세대의 모든 부양책임을 짊어지지만 부모는 당연히 모셔야 하되 애들에게는 의지할 수 없다는, 그래서 대책 없이 노년을 맞고 있는, 소리 내어 울지 못하는 그들에 대한 헌사(《그들은 소리 내 울지 않는다》, 송호근 저, 도서출판 이와우, 2013)의 바로 '그들' 중 한 명이 나였던 것이다.

이 글은 어느 날 귀로에서 서성이는 한 베이비부머가 부친 돌아가시기 전에 부친이 태어나신 곳日本 岐阜縣 岐阜市을 한 번 모시고 다녀오겠다는 작은 염원을 오랜 기다림 끝에 이루고 돌아온 '짧은 귀향歸鄕'을 정리한 것이다.

기한 만료로 폐기된 여권을 다시 만들다

며칠 짬을 내 부친과 누님을 모시고 부친의 출생지였던 일본 기후岐阜를 방문했다.

어쩌면 여차여차한 이유로 조국을 떠날 수밖에 없었던 기구한 사연은 식민지시대 우리 조상들의 가슴 아픈 삶의 피할 수 없는 한 단면이라 할 수 있을 것이다. 우리 부모님 세대 그 뉘라 소설 속에서나 봄직한 아픈 생채기를 간직하고 있지 않으랴.

부친은 일본에서 태어났으나 해방과 함께 귀국하신 후에는 다시는 태어난 땅을 밟을 수 없었다. 그러므로 이번 여행은 쉽게 가볼 수 없었던 부친의 출생지, 70여 년 인고의 세월을 넘어 원초적 고향을 찾아가는 길이었다.

십 수 년 전 이런 방문을 염두에 두고 어렵사리 부친을 설득해 거의 1년여에 걸쳐 여권을 만드는 데 성공한 일이 있었다. 하지만 부친은 이런저런 이유로 흔쾌히 나설 준비가 안 되었다며 끝내 귀향길을 나서지 않으셨다. 애써 만든 여권은 첫 장을 펼쳐보지도 못한 채 기한 만료가 되어 폐기되고 말았다.

세월이 흘러 고령에 따른 거동의 불편함은 한층 가중되었다. 그럼에도 불구하고 이번 여행이 성사된 것은 어렵사리 유학 생활을 마무리한 조카의 공이 컸다. 남들보다 다소 늦게 시작한 유학 생활이었지만 각고의 노력 끝에 조카는 주목할 만한 평가를 받으며 지난(2013년) 3월 동경공대 박사학위를 받았다.

조카의 졸업식 참석을 빌미로 마음속에 묵혀두었던 일본 방문을 다시 거론했다. 당장은 아니지만 조금 시간을 갖고 생각해 보자는 말씀에 용기를 얻어 누님과 조카와 삼각편대를 이루어 거듭 권유하였더니, 의외로 선선히 여행에 나설 것을 동의해 주셨다.

좀 서비스가 나쁘면 어때?

4월 중순으로 일정이 잡히자 부랴부랴 새로 사진부터 찍어 부친의 여권을 다시 만들었다. 비행기 표는 아들 녀석이 인터넷을 뒤져 구해 준 저가 항공사를 이용하기로 했다. 노인 모시고 가는 길이니 안전하게 국적 항공사 편을 선택하라는 친구의 강력한 경고가 있었지만, 최근 각광을 받고 있는 저가 항공사의 티켓 값은 거의 절반 수준, 장거리가 아니니 제주도 가는 기분으로 가도 별 문제가 없겠다는 결론을 내렸다.

더구나 축구 선수 박지성이 뛰고 있는 QPR의 구단주가 에어아시아Air Asia의 소유주라니, 이왕이면 박지성의 연봉에 조금이나마 기여하자는 치기까지 약간 양념을 쳤겠다!

그러나 명색이 국제선임에도 물 한 잔 주지 않는 것은 그렇다 치고, 갈 때는 문제 삼지 않던 등산용 스틱(부친이 평소 쓰시던 나무 지팡이를 가지고 갈 수는 없었으니)을 귀국할 때는 몇 만원의 추가 비용으로 화물 처리하게 하는 것 아닌가. 애오라지 저가 항공사의 실체를 알지 못했던 나의 실수였다. 아 참! 당연히(?) 예정 시간보다 늦게 출발하는 기대도 저버리지 않았다.

그런들 어떠리, 모처럼 떠난 부담 없는 여행길인 것을. 부친의 얼굴이 평안하시니 이런저런 소소한 불편함쯤은 문제될 게 없었다. 비행기는 한 시간 남짓을 날아 나고야名古屋 중부국제공항에 무사히 안착했다.

장어와 돈가스

해외 자주 나갈 일 없는 어리바리한 촌놈이 여행가방 찾는 과정에서 벌인 웃지 못할 에피소드는 도착 환영식쯤으로 여겨야겠다. 한국인에게 무척 친절할 것이라는 지인의 말대로 가볍게 입국심사를 받고 나가니, 아침에 동경에서 신칸센으로 달려 온 조카가 이제나 저제나 하고 기다리고 있었다.

외할아버지의 고향 방문에 어떻게든 기여를 하고 싶었던 조카는 유학 생활의 빠듯한 여건 속에서도 시간을 짜내었다. 옛날 주소를 적은 쪽지 하나만 달랑 들고 이번 방문지인 기후 시를 미리 답사하는 수고를 아끼지 않았다. 그게 벌써 2년 전의 일이다.

그런 정성이 바탕이 되어 실제 방문으로 연결된 것이다. 말인즉슨 이번 여행의 성과는 할아버지와 외손자의 따뜻한 교감이 일궈낸 것이라고 해도 과언이 아니다.

몇 년 전만 해도 볼 수 없었던 공항에서 기후로 바로 가는 급행 전철이 대기하고 있었다. 그렇지만 일본 땅에서 가장 맛있는 것으로 정평 있는 장어ぅなぎ를 먹고 가야 한다는 조카의 주장에 따라 일단 나고야 역으로 이동했다.

역에서 조금 떨어진 도심의 무슨 백화점인가 꼭대기 층에 있는 식당가로 걸음을 옮겼다. 시간이 오후 3시를 넘겼으니 제아무리 유명한 음식점이라고 해도 별 불편 없이 식사할 수 있을 것이라고 생각했다. 그러나 그 기대는 식당 앞에 진치고 앉아 있는 대기자들의 길고 긴 행렬을 보는 순간 여지없이 무너져 내렸다.

그런 정도는 당연히 기다릴 가치가 있다는 조카의 거듭된 의견에도 불구하고 거동이 불편한 노인을 1시간 30분이나 기다리게 할 수는 없는 일, 과감하게 근처에 위치한 돈가스 집으로 발걸음을 돌렸다.

알고 보니 나고야가 자랑하는 별미는 바로 돈가스였다. 꿩 잡으려다 닭 잡은 꼴이 아니라 외려 그 반대에 가까웠다. 일본에서 가장 유명한 장어집이라니 맛은 있을지 모르나, 기다리는 사람들의 눈길을 생각하면 마음이 편치 않았을 것은 자명하다. 그 대신 육즙이 독특하게 살아 있는 두툼한 철판 돈가스와 삿포로 생맥주 한 잔이 훨씬 현명한 선택이었다는 확신이 거듭 들었다.

기후 시에 입성하다

끝내 아쉬움을 토로하는 조카의 장어집 예찬을 뒤로 하고 다시 나고야 역으로 이동해, 거의 지체 없이 기후행 급행 전철에 올랐다. 부친의 기억에는 당시 공업지구였던 도시의 특성상 미군기의 전략적 공습으로 기후 역 주변은 거의 불에 타 폐허 상태였다. 그 기후 역이 요즘 흔히 보는 대규모 역사 개발의 전형으로 환골탈태하여 거대한 위용을 자랑하고 있었다.

전국시대戰國時代 일본 통일의 위업을 눈앞에 두었던 오다 노부나가織田信長의 본향답게 역 앞 광장에서 제일 먼저 눈에 띈 것은 시민들의 성금으로 완성되었다는 오다의 황금상이었다.

기후 역에서 사방으로 뻗어 있는 편리한 연결 통로를 이용해 근처에 위치한 비즈니스호텔 일 크레도에 체크인했다. 그 짧은 시간에도 부친은 호텔 뒤편 주차장 언저리에 마련된 흡연실을 썩 마음에 들어 하셨다.

집에서라면 저녁 드시고 8시 뉴스 시청하면 잠자리에 드는 것이 일상이지만, 이번 여행길이 어떤 길인가? 평소와 다른 분위기에 쉽게 잠들기는 어차피 어려운 법, 가볍게 한잔해야 하지 않겠느냐는 제의에 부친 역시 흔쾌히 따라 나서셨다.

산보 겸 동네 구경하는 기분으로 잠시 호텔 주변을 둘러보았다. 일본에서 가장 유명한 일본식 주점 이자까야 체인 두어 곳을 두고 저울질하다 덜 기다리는 쪽으로 방향을 정해 자리를 잡았다. 일본 사케에 오뎅이며 꼬치류 등 몇 가지 익숙한 안주를 주문했다. 부친과 함께 이번 여행의 의미를 되새기는 조촐하지만 편안한 의식을 치렀다.

여행 목표 초과 달성!

다음날 아침 어김없이 새벽에 일어난 부친은 담배 피우러 내려가신 김에 근처 이곳저곳을 다 둘러보고 오셨다. 이미 신발

끈까지 단단히 조여 놓으신 상태였다.

　호텔에서 제공하는 간단한 식사를 마치고 이번 여행의 하이
라이트라고 할 수 있는 부친의 출생지와 초등학교를 찾아 나섰
다. 많이 바뀌긴 했으나 비교적 번잡하지 않은 시골 동네라 옛
날의 흔적이 군데군데 남아 있는 거리를 부친은 기억을 더듬으
며 앞으로 나아가셨다. 지팡이에 의지해 한 발 한 발 걸음을 옮
기시는 부친을 부축해 부친이 다닌 초등학교 木之本小學校부터
방문했다. 새로 들어선 건물이며 오랜 세월 탓에 방전되었던 기
억의 회로망을 재충전하며 이곳저곳을 둘러보시는 부친의 감
회가 고스란히 느껴졌다.

이만하면 되었다는 부친의 만족스런 표정을 카메라에 담은 다음, 근처에 자리한 부친의 출생지이자 어린 시절의 추억이 담긴 집을 찾았다. 부친은 어디에 세탁소가 있었고, 어디에 문구점이 있었고 하는 기억의 세포가 영화 필름을 거꾸로 돌린 듯이 깨어나는 모양이었다. 조카가 옛날 주소지를 사전에 답사해 두기는 했지만, 부친은 스멀스멀 멀어져간 기억의 조각을 더듬어 옛 집 자리를 찾아냈다.

다행히 옛 지번이 고스란히 남아 있었다. 부친은 옛 집 앞에서 한참을 서성이며 어린 시절의 추억 속으로 빠져드시는 모습이었다. 살짝 눈가에 이슬이 맺히는 모습을 본 듯도 했다. 얼마쯤의 시간이 흘렀다. 동심으로 돌아간 듯 해맑아 보이는 부친의 모습을 행복한 눈길로 응시하노라니 알 수 없는 감정이 북받쳐 올랐다.

"그만 됐다. 이젠 돌아가자."

계면쩍은 듯 돌아서시는 부친을 설득해 기념사진을 몇 장 찍었다. 그렇지만 뭔가 허전했다. 부친을 부축하여 바로 근처에 자리한 작은 찻집으로 들어섰다. 동네 사랑방 역할을 하는 곳이었다. 추억의 커피를 한 잔 마시며 부친과 더불어 감회의 여운을 음미했다.

부친께서 살던 동네는 태평양전쟁 막바지의 미군 공습으로 쑥대밭이 된 곳이었다. 사정이 그렇다 보니 패전 전부터 줄곧이 동네에서 산 사람은 많지 않을 터였다. 그런 설명을 듣긴 했지만, 조카는 못내 아쉬운지 사람들만 눈에 띄면 달려가서 이야기를 나눴다.

골목에서 담소를 나누던 몇몇 할머니들과의 대화 끝에 이 동네에서 비교적 오래 사신 분을 한 분 만날 수 있었다. 그런데 세상에 이런 일이! 그분은 얼마 전에 돌아가신 작은아버지(부친의 바로 아래 동생)의 초등학교 친구였던 것이다. 그리고 부친의 초등학교 동창생이 근처에 살고 있다는 놀라운 소식까지 듣게 되었다.

우리는 부친의 동창생인 나가세長瀨光輝 씨의 집으로 한걸음에 달려갔다. 초인종을 누르자 노년의 부인이 문을 열어주었다. 부인은 자초지종을 듣고 안에 기별을 넣었다. 잠시 후 나가세 씨가 놀란 모습으로 나타났다. 부친과 통성명을 하는 찰나의 시간이나 흘렀을까. 나가세 씨와 부친은 감격의 포옹으로 서로를 얼싸 안았다.

시골 마을에서 특별한 일상의 변화 없이 조용히 살아가던 노부부에게는 생각지도 않던 큰 사건이었다. 주름진 얼굴에 환한 웃음을 띠며 나가세 씨는 우리를 응접실로 안내했다. 자식들 다 시집 장가보내고 두 내외만이 살고 있었다. 나가세 씨의 부인이 커피를 내왔다.

부친과 나가세 씨는 이내 옛이야기로 빠져 들었다. 몇몇 선생님과 동창생들의 이름이며 이런저런 에피소드들이 줄줄이 이어져 나왔다. 당시는 성적순으로 급장을 지명했다고 한다. 가장 성적인 좋았던 부친이 일본 친구들을 제치고 급장 명찰을 달았다는 이야기가 새삼스러웠다. 나가세 씨는 어느 날 부친이 체육시간에 발을 심하게 다쳐 자신이 부친을 양호실에 부축하고 간 일화도 기억해 냈다. 귀가 잘 안 들리는 불편함에도 불구하고 놀라운 기억력과 함께 둘의 대화는 샘솟듯이 끝도 없이 분출되었다.

여행 말미에 누님은 이 극적인 해후를 두고 '나가세 씨가 부친의 오늘 방문을 위해 고맙게도 그 자리에서 기다리고 있었던 것'이라고 명쾌하게 정리했다. 그만큼 나가세 씨를 만난 일은 이 여행의 백미요, 망외의 소득이었다. 많이 망설였지만 참 잘 떠난 여행이었구나 하는 생각이 새삼 들었다.

우리는 갑자기 오는 바람에 빈손으로 방문한 것에 대해 미안한 마음(귀국 후 누님이 그날 찍은 사진과 부친의 감사 서신에 더해 일본인들이 좋아한다는 김을 조금 준비해서 보내드렸다)과 부친의 소중한 추억을 불러일으켜준 뜻밖의 해후에 거듭 고마움을 표하며 자리에서 일어났다. 부친도 그랬지만, 나가세 씨 역시 헤어지는 게 몹시 서운한 모양이었다. 집 바깥으로 나와서도 큰길까지 한참을 따라 나왔다. 둘은 다시 한 번 뜨거운 포옹으로 아쉬움이 잔뜩 묻어나는 이별 의식을 치렀다.

택시를 타고 나오는데 부친은 여전히 상기된 모습이었다. 미처 나누지 못한 옛이야기가 생각나는지 이런저런 이야기를 덧붙이셨다. 조금 전 이야기의 연장선상에서 중고교 시절에 공부 잘하는 조선인을 일본 학생들이 얼마나 시기 질투했는지도 들려주셨다. 동급생 일본 왈짜에게 끌려가 봉변을 당한 일도 여러 번이었다고. 그런 말씀을 하시는데도 표정이 그리 밝을 수가 없었다.

료칸에서 온천욕까지

훨씬 가벼워진 발걸음으로 나가라가와 근처에 있는 지역에서 유명세가 높은 일본식 전통 료칸에 여장을 풀었다.

나가라가와는 서울의 한강처럼 기후의 상징이자 역사가 되어 흐르는 강이다. 부친의 모든 추억도 나가라가와에서 시작된다고 할 수 있다. 봄철 은어 떼가 올라오는 시기면 밤에 불을 밝힌 배 위에서 숙달된 장인이 10~12마리 정도의 가마우지를 이용해 낚시하는 소위 우카이鵜飼い로 유명하다.

료칸을 나선 우리는 일본 전통미가 물씬한 작은 스시 집으로 향했다. 사전 답사를 왔던 조카가 미리 물색해 둔 곳이었다. 조카는 이 집에 들러 시식까지 하며 대를 이어 운영하는 나이

지긋한 주인장에게 언제고 한국에서 할아버지를 모시고 올 테니 꼭 기억해 달라는 부탁을 남겼다고 한다.

조카의 기특한 주문을 잊어버리지 않고 있던 주인장은 기후 안내책자에서 부친의 초등학교가 표기되어 있는 페이지를 펼친 채로 우리에게 음식을 서빙했다. 혈관 속까지 따뜻하게 데워 준 것은 숙성회의 풍미와 맥주 한 잔의 기쁨만이 아니라 주인장의 살가운 배려 때문이었을 것이다.

넉넉함과 푸근함은 기후 공원 산책까지 이어졌다. 원래는 식사 후 긴까산金華山 로프웨이라는 케이블카를 타고 이곳의 상징인 기후 성을 구경할 예정이었다. 하지만 아니나 다를까 휴일을 맞아 사람들이 넘쳐나고 있었다. 그 바람에 기후 공원 벤치에 앉아 일본식 단술이며 아주 단맛이 강한 당고だんご에 맥주를 곁들이며 느긋한 심정으로 편안함을 만끽했다. 쫓길 일이 무엇이 있겠는가.

저녁이 되어 숙소로 귀환했다. 사진으로나 보던 다다미방에서 일본식 유카타를 입고 방안에 차려주는 전통 식사를 음미하기에는 아무래도 익숙하지 않아 큰 홀에서 서빙해 주는 일본 정식을 즐겼다.

료칸에는 노천탕 딸린 온천이 잘 정비되어 있었다. 부친과 함께 온천을 즐긴 것도 추억의 한 토막으로 남는다. 이 료칸의 경우 남탕과 여탕이 따로 구분되어 있는 것이 아니라 하루걸러 위치만 바꾼다고 한다. 일본의 온천은 대부분 이처럼 운영된다. 온천 운영 시스템을 잘 이해하지 못한 관광객이 다음날 무심코 탕 안으로 들어갔다가 화들짝 놀라 뛰쳐나왔다는 이야기는 심심치 않게 들어왔던 터이다.

묵고 있는 료칸이 싸구려 민박집은 아니라는 듯, 밤에는 투숙객들을 위한 조촐한 재즈 파티가 로비에서 펼쳐졌다. 비록 지금은 한물갔을지 모르지만, 남녀 출연자들은 전성기 때의 화려함을 어느 정도 간직하고 있었다. 그런 여유로운 생각은 여행이 주는 관대함 덕분이었는지도 모르겠다.

길고 긴 하루였다. 여행의 목표를 초과 달성한 뿌듯함을 안고 기분 좋은 피곤함을 두터운 이불 속에 파묻었다.

워매, 물가가 비싸긴 비싸당게요!

제법 그럴 듯한 조식 뷔페를 즐긴 후 다시 나고야로 이동했다. 말로만 듣던 신칸센으로 다음 목적지인 동경으로 향했다. 부친께서는 일본에서 살 때도 동경까지는 가보지 못하셨다니, 그야말로 시골 영감 처음 타는 기차놀이인 셈이었다.

아마 우리나라에 KTX가 도입되지 않았다면 신칸센은 몹시 신기했을 것이다. 하지만 차창이 비행기 창문처럼 너무 작았다.

시원하게 경관을 감상할 수 있는 우리 KTX에 비해 별다른 감흥이 일지는 않았다.

일본에서 우리나라와 가장 대비되는 것은 살인적인 교통비였다. 그 밖의 물가도 만만치 않았다. 단순히 밥 먹고 자고 이동하는 데 드는 비용이 생각처럼 녹록하지 않았다.

귀국시의 편한 코스를 고려해 시나가와 역 앞에 있는 무지막지하게 큰 호텔 단지인 프린스 호텔에 여장을 풀었다. 짐을 맡기고는 그냥 넘어가기 섭섭해 근처에 있는 라면 전문 식당가로 향했다. 라면 천국인 일본답게 같은 메뉴가 하나도 없이 가게마다 독특한 메뉴를 내세우는 이국적인 식당가는 역시 문전성시였다.

최고 인기점 앞에 하염없이 늘어선 대기자들을 피해 근처 가게를 택했다. 이 선택 역시 틀리지 않았다. 생면의 풍미와 깊은 육수 맛을 충분히 느끼며 맥주잔을 비웠다.

남는 시간을 이용해 시내 관광을 하기로 결정, 택시로 긴자로 향했다. 휘황찬란한 밤의 네온사인 불빛은 없었지만, 명성대로 관광객들이 넘쳐나고 있었다. 마침 시내를 관통하는 학생들의 브라스밴드 행렬을 만나 잠시 망중한을 즐겼다. 그리고 아이스크림과 팥빙수로 한낮의 더위를 달랬다.

일본에서의 마지막 밤을 마무리하는 만찬이 기다리고 있었다. 조카의 지인이 소개해 준 유명한 도심공원인 아사쿠사 근처의 족보 있는 일본식당에서 정식 코스 요리를 먹는 호사를 누리기로 했다.

샤미센을 직접 연주하는 주인장의 서빙이 이채로운 식당이었다. 짧은 일정이었지만 기대 이상의 흡족함을 나타내신 부친과의 여정을 마무리하기에 부족함이 없었다. 이번 여행의 성과를 나누며 할아버지와 아들딸, 손자의 3대가 따끈한 정종 한잔을 곁들였다.

참 고약하다, 저가 항공사

다음날 아침 리무진으로 나리타 공항으로 이동했다. 11시 반쯤 체크인하려는 순간 이번 여행이 그저 그렇게 마무리되어서는 안 된다는 특별 코너가 마련되어 있었다. 아, 그 이름도 찬란한 저가 항공사여! 항공사 카운터에서 보여주는 A4 용지에는 항공기 정비 관계로 오늘 비행편이 취소되었다는 안내문이 몇 줄 달랑 인쇄되어 있었다.

생각해 보니 서울 출발시 갓 일본에서 도착한 항공기에서 승객들이 내리는 모습을 보며 벼락치기 청소를 마친 비행기에 맞교대 승무원들과 같이 탑승했다. 나고야 공항에 도착하자 동일한 상황이 반복되었다. 그 같은 모습을 당혹감 속에 지켜보던 기억이 생생하게 되살아났다. 이게 뭐 셔틀 버스도 아닌데 저렇게 뺑뺑이를 돌려도 별문제 없을까 하던 의구심이 결국 현실의 문제로 대두된 것이다.

생전 처음 이런 일이 발생한 것이 아니라는 듯 무심한 표정의 항공사 여직원에게서 원하면 내일 비행기로 바꿔준다는 말 외에 미안하다거나 걱정된다는 표정은 눈곱만큼도 찾아볼 수가 없었다.

다음날 학교 강의가 있다는 생각에 일순 당황하지 않을 수 없었다. 또한 대한항공이나 아시아나는 터미널도 다르고 적당한 시간대에 비행편이 있는지도 모르는데, 거동 불편한 노인을 모신 입장이라 순간적으로 가슴이 덜컹했다(진작 친구 말 듣고 국적 항공사 이용할 걸!).

화를 내기에는 시간이 너무 촉박하고 다급했다. 그래도 원어민 수준의 일본어를 구사하는 조카가 이리저리 뛰어다닌 덕분에 12시쯤 다른 터미널로 이동했다. 저가 항공편으로 좀 남겼던 경비에 거의 복리 수준의 이자까지 쳐서 고스란히 반납한 끝에 대한항공 1시 비행기에 탑승할 수 있었다.

자주 있는 일은 아니겠지만, 정말 저가 항공은 타기 전에 생각을 많이 해야 할 듯하다. 서비스 부재는 말할 것도 없고 미안하다는 표시도 저렴하게(?) 인터넷으로 통지하고는 끝, 후안무치함에 속이 부글부글 끓지 않았다면 사람이 아니다. 부디 우리만의 일이었기를.

확인할 길은 없었지만 당일 승객이 너무 적어 수지타산이 맞지 않으니 기체 정비 핑계 대고 비행편 자체를 없애버리지 않았나 하는 생각까지 들었다.

어떻게든 본때를 보여주고 싶은 생각이 간절했지만, 이번 여행이 소기의 목적을 달성한 그것 하나로 모든 분노를 내려놓기로 했다. 하지만 앞으로 절대로 이 항공사 비행기는 타지 않을 것이다!

마지막의 이 황당한 소동만 없었다면 그야말로 그림 같은 일정이 될 수 있었을 것이다. 부친께서 여정을 잘 이겨내실까 출발시 이런저런 걱정이 앞섰던 것을 생각하면, 뜻밖에 부친의 초등학교 동창생을 만나는 등 기대 이상의 소득이 있었다. 아울러 부쩍 성장한 조카의 면목을 확인하기에 충분한 여행이었다.

내일 모레는 어버이날이다. '어떤 귀향'이 연로하신 부친에게 작은 선물이 되기를 바라는 마음으로 잠시 상념에 빠져 본다.

비 오는 바르셀로나,
타파스의 추억

바르셀로나, 마요르카, 그라나다 삼국지

바르셀로나와 마요르카와 그라나다를 둘러보는 9박 10일 일정의 이번 여행의 얼개는 대충 다음과 같다.

바르셀로나(몬세라트 수도원, 피카소 박물관, 타라고나 & 시체스, 타파스 투어), 마요르카(마요르카 성 & 팔마 대성당, 동굴 탐험, 타파스 투어), 그라나다(로열 채플 & 그라나다 대성당, 알함브라 궁전, 플라멩고 쇼 관람), 다시 바르셀로나(사그라다 파밀리아, 구엘 공원, 까사밀라).

참고로 말하자면 이 일정은 어느 여행사의 흔한 패키지 관광 스케줄이 아니다. 항공편, 숙소, 이동, 식사, 방문지 입장권 및 가이드 섭외, 자투리 시간 쇼핑 계획 등을 모두 집사람이 시간 단위로 세운 것이다.

관광 비수기에 더해서 발품 죽기 살기로 열심히 팔아 인터넷 검증을 통해 100% 사전 예약을 했다. 모텔비로 특급 호텔에 투숙하는 것과 같은 비용 절감 효과를 철저하게 노렸다. 그렇게 절약된 비용을 눈 딱 감고 항공편 비즈니스 클래스에 쏟아 부었다.

바르셀로나
공기의 절반은
담배 연기다

이것 참 대략난감이다. 비단 나만의 문제는 아니겠지만, 먹고 살기 바빠 문학이니 예술 어쩌고 하는 세계와는 대충 거리를 두고 살아왔다. 명화라면 어릴 적 이발소에서 눈에 익은 밀레의 〈만종〉 정도에 더해 그래도 피카소라는 이름은 안다. 음악이라면 음악의 아버지 바하(맹세컨대 바흐가 아니었다), 음악의 어머니 헨델 정도를 그것도 음악 시간이 아닌 사회 시간에 단답형으로 외웠던 게 전부다. 그런데 이번엔 가우디란다.

여행지가 스페인 하고도 바르셀로나라고 한다. 아무리 무지하기로서니 무한한 상상력의 건축가 가우디Antoni Gaudi를 모른다고 할 수는 없다. 거기까지 가서 가우디 상상력의 끝판인 사그라다 파밀리아를 못 본 체할 수는 없는 일 아니겠는가?

문득 고교 시절 은사인 K선생님의 말씀을 기억해 내며 위로로 삼았다. 동양화를 전공하셨던 선생님은 한 마디로 어떤 것이 좋은 그림이냐는 질문에 "딱 봐서 좋은 그림이 좋은 그림이다"라고 답을 주셨다. 난해한 추상미술에도 기죽지 말라는 말씀이셨다. 그 말씀 한 마디에 의지하여 스페인 하고도 카탈루냐 주의 주도 바르셀로나로 가서 가우디를 영접하기로 했다.

서울의 비가 따라오다

2월 4일 일요일, 무지하게 춥다. 가벼운 흥분을 동반한 산뜻한 여행 복장은 사치다. 도착지 온도고 뭐고 일단 살아야겠다. 두터운 오리털 파카 차림 그대로 나섰는데도 귀가 떨어질 듯 시리다. 기상이변이 한 나라만의 문제는 아닐 터, 도착지 바르셀로나의 날씨도 만만치 않단다.

무엇보다 비가 오는 날씨가 출발 전의 설렘을 갉아 먹는다. 이러다가 며칠 동안 비 맞으며 하릴없이 와인만 마시다가 우울증 걸려 귀국하는 것이나 아닌지 모르겠다.

새로 개장한 인천공항 제2터미널, 뉴스에서 듣던 그대로 익숙한 1터미널에서 15분 정도 더 간다. 이렇게 분산되었는데도 그래도 사람들이 많다. 몹시 번잡스런 정도는 아니어도 해외로 정말 많이들 나가는 모양이다.

보안 검색을 위해 폼 나게 생긴 신형 검색대를 통과한다. 전신 스캔으로 간단히 끝나는가 했더니 다시 촉수 검사, 시계며 벨트며 다 한 번씩 만져보고 보내준다. 그러려면 처음부터 그럴 일이지.

현존하는 가장 큰 여객기라는 동체가 볼록한 대한항공 A380 기종에 탑승한다. 인천에서 파리까지 12시간, 파리에서 환승을 위해 2시간 정도 대기하다 다시 에어 프랑스로 갈아타고 2시간을 더 날아가야 바르셀로나에 도착한다.

그래, 한 번이라도 쉽게 떠난 여행이 있었던가? 추우면 추운 대로, 비 오면 비 오는 대로 일단 출발하면 다 잊어버리자. 우리 여행의 좌우명은 명쾌하다. 주는 대로 먹고, 되는 대로 자고!

촌놈이라 맛도 모르지만 식전주로는 샴페인이 제격이지. 웰컴 드링크로 샴페인, 애피타이저 먹으면서 또 샴페인, 본 식사 전에 전채요리 먹으면서 또 샴페인, 비빔밥을 제대로 먹으면서 레드 와인, 후식 전에 레드 와인. 과일 먹고 나니 아이스크림과 케이크(난 치즈는 안 먹는다), 잠시 쉬려 했더니 커피, 끝났다 싶었더니 또 물을 준다. 이거야말로 완전히 물 먹이는 여행일세!

생각해 보니 출국할 때는 한식은 늘 먹는 거니까 하면서 주로 고기류를 먹었다. 귀국할 때는 이제부터 한식 질리게 먹을 테니 또 고기를 주문했던 기억이 난다. 그러나 여행지가 한식당이 없는 곳이라면 어떨까? 지겹게 양식만 먹을 테니 바로 이때 고추장 쓱쓱 비벼 비빔밥을 먹을 일이다. 여행 도중 질리도록 양식 먹었으니 귀국시 입맛 돌리게 또 비빔밥을 먹는 것이 현명한 답이라는 자각이 든다.

A380 기종은 이층으로 되어 있다. 앞뒤 쪽에 휴게실이 있다고 해서 가보니 뭐 소파 하나 있는 정도다. 그렇지만 거기서 슬리퍼 신고 칵테일 한 잔 하는 기분도 나쁘지는 않다. 어차피 아는 이름 몇 개 없으니 모히또 비슷한 맛이 난다는 보드카 칵테일 한 잔으로 폼을 잡아 본다.

평상시 극장 가는 것을 즐기지는 않지만 본전 빼는 기분으로 영화를 세 편이나 봤다. 흘러간 명화인 〈오리엔탈 특급 살인사건〉을 보고 다음 번 여행은 바로 오리엔탈 특급 타는 것이라고 했더니, 집사람이 이제야 조금 철이 드는 것 같다고 추겨준다.

먹을 것, 마시는 것 다 질린다. 먹음직스런 라면이 배달되는 것을 보았지만 그조차 입맛이 당기지 않았다. 다시 저녁이 나온다. 분위기 바꾼다고 대구 스테이크를 주문했는데 전형적인 느끼한 맛, 집사람이 시킨 동치미 국수가 기대 이상으로 시원했다. 다시 과일과 커피, 이번에는 와인을 시키지 않았다.

그러면 그렇지. 아무리 작심하고 본전 빼려고 달려 들어봤자 먹고 마시는 용량에는 한계가 있는 것이지. 요즘 지인들끼리 나누는 가슴 아픈 농담이 떠오른다. 말술 마다 않던 세월 지나 이제 하나둘 이런저런 이유로 술을 멀리해야 하는 상황에 이르렀다. 이때쯤 소위 '총량 불변의 법칙'이 적용된다는 이야기다. 남들 평생 마실 만큼 이미 마셨으니 억울해 하지 말라는 위로인지 야유인지를 날리는 것이 일상이 되었다.

샤를드골 공항의 까마득한 소변기

저녁 6시 15분 파리 샤를드골 공항에 도착, 환승에 필요한 보안 검색을 마치고 대기한다. 환승 라운지는 그다지 크지 않다. 대기실인 것처럼 서 있는 승객들도 적지 않다. 다시 와인 한 잔, 여기는 프랑스니까.

그리고 요구르트를 챙겨 든다. 약간 플라시보 효과도 있겠지만 해외 나가서 기회가 되면 무조건 요구르트 먹기를 권한다. 낯설고 물 설은 곳에서 자칫 음식이 안 맞아 배탈이라도 나면 낭패 아닌가. 조식 뷔페에서 눈에 잘 안 띄더라도 찾아보면 어딘가 틀림없이 있다.

지금은 저녁 8시 40분, 한국시간으로 새벽 4시40분이다. 눈꺼풀이 무겁다. 거의 꼬박 밤샌 기억이 얼마만이던가. 명색이 비즈니스 라운지인데도 난방이 엉망이다. 모양새 제쳐 두고 두툼한 방한복 입고 가야 한다던 집사람이 선견지명을 자랑한다.

한 가지 당혹스러웠던 것은, 글쎄 이 정도면 혹시 인종차별 아닌가? 화장실에 갔더니 늘 보던 것과는 모양이 다른 원형 소변기가 놓여 있었다. 문제는 그 높이가 얼마나 높던지 키 작은 동양인들은 까치발을 하지 않을 수 없을 정도다. 내 키가 작아서가 아니라 애들은 어떡하라고? 그러고 보니 라운지 양주병 역시 높은 선반 위에 올려져 있었다. 낑낑거리며 꺼내다 혹여

실수라도 할까봐 멀리서 바라만 보다가 포기했다. 거시기까지 작았다면 몹시 자존심 상할 만한 상황이었다.

에어 프랑스 항공편을 기다리는데 결국 35분이 지체되어 체크인했다. 직원들은 물어도 대답도 없고, 물어볼 엄두도 못 내게 눈길 한 번 주지 않는다. 서비스니 친절이니 눈곱만큼도 찾아볼 수 없다. 그러고 보면 한국 공항이 정말 친절한 곳이다. 그걸 당연한 것으로 여기지만, 나와 보면 확실히 비교가 된다. 앞으로 우리네 직원들에게 인사를 꼭 해야겠다.

11시 20분, 바르셀로나 공항에 도착했다. 서울에서 오던 비가 여기까지 따라왔나 보다. 짐 찾는 데 생각보다 한참 더 걸렸다. 이중으로 기분이 좋지 않다. 택시를 집어타고 티비다보 산 중턱에 있는 호텔로 향하였다. 12시 30분경 호텔에 도착하니 벨 보이가 자는지 문도 제대로 안 열어준다. 삼중으로 기분이 좋지 않다.

겨우 씻는 시늉 내고 새벽 2시경 잠자리에 들었다. 밤새 장대비가 쏟아졌고, 바람까지 세차게 불어 불편한 마음에 쉽게 잠들 수가 없었다. 베란다로 나가 보니 안개까지 걷잡을 수 없이 끼어 있다. 집사람이 10여 년 전에 투숙했을 때의 그 끝내준다는 바르셀로나 도심의 야경은 상상할 수도 없었다. 내일 일정이 암울했다.

몬세라트 수도원 가는 길

다음날인 아침, 첫 일정으로 카탈루냐 지역의 영적 심장이라는 몬세라트 수도원으로 향했다. 일정을 맞추기 위해 아침은집에서 가져간 라면으로 때웠다.

전날 교통편을 여러 가지로 궁리해 두었으나 비가 계속 내리는 바람에 택시를 예약했다. 탔다 하면 2~3만원은 쉽게 나오니결코 싼 비용은 아니다. 하지만 시간에 쫓기며 모르는 길 물어물어 버스 타고 지하철 타고 할 일 아니라면, 눈 딱 감고 택시를타는 편이 현명하다.

10시까지 바르셀로나 도심 중심부에 있는 줄리아 여행사로가야 했다. 아침에는 교통체증이 좀 있을 것이라는 프런트 직원의 말이 있기는 했지만, 이 정도인지는 몰랐다. 쉽게 말해 옛날도로를 무조건 확장하거나 하는 대신 웬만하면 원형을 그대로보존하려 하기 때문에 빚어지는 피치 못할 상황이다. 도로는 좁고 사람들은 급할 게 없고, 거기에다 오토바이는 또 왜 그리 많은지.

우리가 하도 안달을 하자 말도 통하지 않는 택시기사까지 덩달아 흥분했다. 조금만 틈만 나면 끼어들기를 하거나 순간적인과속을 마다하지 않았다. 겨우겨우 시간에 댈 수 있었다. 팁은이럴 때 주라고 있는 것이다.

막상 도착하니 가이드는 보이지도 않았다. 이번 여행에서 공통적인 사실 하나는 가이드가 제 시간에 오는 법이 없었다는 것이다. 그렇다고 아주 늦는 법도 없다. 말하자면 좀 느긋하게 늦으면 늦는 대로 움직이는 게 체질화된 사람들이었다. 지나치지 않으니 욕할 것이 아니라 도리어 부러웠다.

가이드가 몬세라트('신성한 산'이라는 의미) 수도원에 대해 기본적인 설명을 해주었다. 아마 평상시 같은 좋은 날씨였다면 창밖의 경치 이야기를 좀 섞어야 할 대목이었으리라. 보이는 건 오로지 추적추적 내리는 비뿐이니, 가이드는 아쉬움을 접고 차라리 잠시 휴식을 택했다.

집사람의 표현에 의하면 바르셀로나는 남성적인 도시다. 같은 유럽이라도 파리가 아기자기한 여성적인 도시라면, 바르셀로나는 근육질의 남성적 도시라는 것이다. 고층빌딩이 거의 없었고, 굉장히 안정적이었다.

뭐랄까, 그냥 편안하다는 느낌을 받았다. 전체적으로 도심 속에 나무 몇 그루 심은 게 아니라, 숲속 중간 중간에 집을 지은 듯한 분위기였다.

성수기에는 보통 산 밑에서부터 푸니콜라레Funicolare라는 산악열차나 케이블카를 타는 모양이다. 대개는 수도원 입구에서 내리지만, 마음 내키면 산 정상으로 가서 경치를 조망하거나 산보할 수 있게 되어 있다. 가는 날이 장날이라고, 비수기인 1~2

월 동안 정비를 하느라 이용할 수 없었다. 우리가 듣던 〈푸니쿨리푸니쿨라〉가 초창기 케이블카 타는 것을 무서워하던 사람들을 달래기 위해 만든 노래라는데, 그럴 듯한 설명이다.

밑에서부터 버스를 타고 굽이굽이 돌아간다. 마치 지금처럼 잘 정비되지 않았던 옛날 강원도 산골짜기 달려가듯 구불구불한 길을 10km 정도 올라간다. 운무 때문에 아무 것도 보이지 않는다. 날이 좋으면 정말 경치가 좋다는데 못 보니 더 약이 오른다.

침식작용으로 산봉우리들이 들쭉날쭉하여 섬세함과는 거리가 먼 톱니바퀴 모양의 거친 바위 아래 몬세라트 수도원이 자리 잡고 있었다. 산 중턱에 세워진 수도원은 한때 나폴레옹 군에 의해 철저히 파괴되었다가 20세기 들어서야 지금의 모습으로 복원되었다고 한다.

'검은 성모상' 오른손의 구슬

가장 중요한 바실리카 대성당 정면의 파사드(facade: 건물의 출입구로 이용되는 정면 외벽 부분)에는 예수님과 12제자를 조각해 놓았다. 안으로 들어가면 성당의 대표적인 유물인 '검은 성모상'La Moreneta을 만날 수 있다. 치유의 능력이 있다고 전해지는 카탈루냐의 수호성인이다.

나무로 만들어진 작은 성모상은 피부색이 익숙하지 않은 검은색이다. 처음 조성할 때는 평범한 나무색이었으나 시간이 지나면서 조금씩 세월의 흔적이 쌓여 오늘날의 검은 성모상이 되었다고 한다. 전면이 유리로 보호되고 있으나 큼지막한 구슬을 든 오른손은 개방되어 있다. 미사가 끝나면 그 앞을 지나가면서 구슬을 만지며 잠시 기도할 수 있도록 되어 있다.

아마 기다리는 줄이 길었다면 어떤 소원도 포기했을 것이다. 다행히 관광객들이 많지 않았다. 비록 무신론자이나 최대한 예의를 표하며 가족의 건강을 기원했다.

성당 옆 부속건물 앞쪽으로 한때 이 지역을 통치한 지도자가 기념 식수했다는 네 그루의 나무가 나란히 서 있다. 이 지역의 상징이라는 홀쭉한 첨탑 모양의 사이프러스 나무, 축복을 뜻하는 올리브 나무, 승리의 상징인 월계수, 그리고 중동 지역 사막의 정수인 야자 나무이다. 이 지역 어디나 있는 흔한 수종이지만, 가이드의 입을 통해서 들으니 의미가 새삼스러웠다.

성당 옆 작은 회랑에는 소원을 비는 촛불을 몇 단으로 진열해 놓았다. 비 오는 날씨를 배경으로 경건함이 빛을 발하고 있었다. 뭐, 돈이 아까워서가 아니라 욕심이 없으니 우리까지 굳이 3유로 들여 초를 켜는 것은 사양하기로 했다.

세계 최초라는 소년 성가대가 지금도 명맥을 이어가고 있다. 시간대가 맞으면 찬양하는 모습을 직접 볼 수도 있고, 누구나 미사에 참여할 수 있다고 한다. 가우디가 젊은 건축학도일 때 부조 작업에 잠시 참여한 경험이 있다는 설명이 이어진다. 여기서 그 유명한 사그라다 파밀리아 건축에 관한 영감을 얻었다고 하니, 그냥 사진만 찍고 지나갈 일은 아닌 듯하다.

산타마리아 광장 한쪽 벽면에는 역시 이곳 카탈루냐 지역의 수호성인인 '성 게오르기우스'Saint Georgius의 조각상이 있다. 어느 방향에서 보든 조각상의 눈동자와 마주치게 얼굴을 음각해 놓았다고 하는데, 비가 와서 그런지 나와는 눈을 마주치지 않으셨다. 나중에 사그라다 파밀리아에 갔을 때 같은 조각가의 또 다른 '성 게오르기우스' 상이 자리하고 있어 반가웠다.

출발지인 시내 여행사로 복귀한 후 슬슬 걸어서 피카소 박물관으로 갔다. 항상 관람객들의 대기 줄이 늘어서 있다고 하더니, 전혀 그런 낌새를 보이지 않았다. 이게 웬 떡이냐 하고 다가갔더니, 이런 월요일은 휴무란다.

우리처럼 사전 정보 모르고 온 뜨내기 관광객들이 혹시나 하고 여기저기를 기웃거리는 풍경이었다. 내일 다시 도전하기로 하고 발걸음을 돌렸다.

바르셀로나 여행의 꽃, 타파스 투어

쇼핑을 간단히 마치고 허 참, 그 신통방통한 구글 지도에 의지해서 저녁 일정 만남의 장소인 산 하이메 광장으로 향했다. 유명 관광지 방문만큼이나 이번 여행에서 신경을 쓴 것이 바로 타파스 투어Tapas & Wine Experience다. 이곳 사람들의 속살을 조금이라도 느껴볼 요량으로 마련한 저녁 일정이었다.

스페인에서 타파스란 원래 식욕을 돋우어 주는 애피타이저 혹은 간식의 일종이다. 이제는 발전을 거듭하여 제대로 된 메뉴 자체로까지 진보했다는 평가다.

바르셀로나 시청 앞에 있는 코스타라는 상호의 작은 커피숍 앞이 만남의 장소였다. 약속시간인 6시가 되어도 아무런 기미가 없는데, 조금 나이 들어 보이는 동양계 여성이 말을 붙여 왔다. 뉴욕에 거주하는 필리핀계 여성으로 항상 웃음이 넘쳐났다. 비수기에 비교적 저렴하게 바르셀로나 여행을 꿈꿨는데, 같이 오기로 한 동료들이 '모두 배신 때리는 바람에' 혼자서 왔다고 한다.

조금 있으니 보기에도 쾌활한 모습의 가이드가 나타났다. 모로코계 타니트라는 이름의 여성이다. 온 몸이 에너지로 충만된 듯한 모습에 열정을 더하니 가이드로 안성맞춤이라는 생각이 절로 들었다. 한 가지라도 더 알려주기 위해 쉴 새 없이 설명

76

하고 또 설명하는 게 보기 좋았다. 뭐랄까 한 마디로 프로의 모습을 보는 듯했다. 해외 나와서 보면 여행 가이드들의 적극적이고 전문적인 자세에 감명을 받곤 하는데 다행히 이번에도 예외가 아니었다.

조금 있으니 뉴욕에서 왔다는 흑인 여성 3명이 합류했다. 전형적인 요즘 젊은이들로 역시 활기가 넘쳤다. 때론 자기들끼리 깔깔거리고 사진 찍고 하느라 약간 산만했다. 그러나 뭐 어때, 여행지의 가벼운 일탈이 주는 즐거움과 자유분방함이 오히려 조미료가 되고도 남을 텐데.

쉽게 말해 일종의 맛집 탐방 정도로 가볍게 생각했는데 가이드는 진지했다. 나름의 소명감이라도 느끼는 듯 유적지 가이드 못지않은 해박한 지식과 열정으로 골목골목의 숨어 있는 역사를 설명한다. 정말 몸에 밴 듯한 프로 정신 앞에 덩달아 열심히 배우는 학생의 자세를 취하지 않을 수 없었다.

가이드가 투어를 시작하면서 오늘 저녁 두 가지 중요한 일이 있는데 무엇인지 아느냐고 질문을 했다. 당연히 하나는 음식과 와인 맛있게 먹기일 테고, 하나는 바로 역사를 공부하는 것이라고 당당하게 말해서 내심 작은 감동을 받았다.

시청과 마주보고 있는 정부 건물에 깃발 네 개가 펄럭이고 있었다. 스페인 국기를 비롯해 카탈루냐 주정부, 바르셀로나 시, 그리고 청사 자체의 깃발이다. 스페인으로부터 독립하기를 열망하는 카탈루냐 사람들은 스페인 국기보다 카탈루냐기를 더 소중히 여긴다고 한다.

상점가는 고딕 양식이 그대로 보존된 지역이다. 오랜 옛날부터 상점가가 형성되었으며, 건물이며 영업 공간을 고스란히 보존해야 한다. 그 안에서 무얼 팔든 상관없으나 외관은 그대로 유지해야 한다는 것이다.

이곳저곳을 둘러보다가 평범한 두 큰 건물을 잇는 작지만 섬세한 부조가 얼핏 부조화를 이루는 다리가 눈에 띄었다. 가우디를 추앙하는 조각가가 상당히 공을 들여 만들었단다. 구시가지인 고딕 지역인 관계로 역시 정부 방침상 신축 승인을 해주지 않았다. 밋밋한 건물을 허물고 연결다리와 어울리는 제대로 된 건물을 짓고 싶었던 건축가는 홧김에 다리만 남겼다고 한다.

조금 더 가니 산타마리아 성당이 나왔다. 정문은 새로 지은 것이고, 뒷문이 옛날 그대로 '오리지널'이란다. 바르셀로나에 천주교가 전파되던 초기의 일이다. 13살 어린 소녀가 신앙심을 굽히지 않자 소녀의 나이대로 13가지 고문을 가해 죽였다고 한다. 유리와 못이 박힌 와인 통에 소녀를 넣고 굴리는 고문도 그 가운데 한 가지였다. 그래도 소녀가 멀쩡하자 결국 화형에 처했다고 한다. 뒷문 위에 바로 그 소녀의 형상이 부조로 남아 있었다. 새로 만든 멋들어진 정문은 그야말로 출입구일 뿐 별다른 의미가 없다는 설명이 명쾌했다.

중간에 있는 어떤 성당의 벽은 온통 총탄 자국이 선명했다. 스페인 내전 당시 반정부 시민군 쪽의 여성과 아이들을 총살한 흔적이라고 한다.

엄청나게 크고 웅장한 규모의 바르셀로나 대성당 옆을 스쳐 지나간다. 규모가 큰 만큼 그 속에 담겨 있는 이야기도 적지 않을 터였다. 역시 가우디가 영감을 받은 곳이라고도 알려져 있다. 현명한 결정은 아니지만 빠듯한 일정의 여행객들은 아쉽지만 둘러볼 시간이 없다.

틴토와 블랑코 와인, 그리고 하몽

드디어 저녁 투어의 시작인 첫 번째 식당, 카탈루냐 산 레드 와인에 이 집만의 타파스가 나온다. 올리브유에 넣고 조리한 크지만 맵지 않은 고추와 하몽 등을 딱딱한 빵 위에 올려 한입에 먹는다.

참, 우리가 흔히 하몽이라고 하는 것은 돼지 뒷다리를 소금에 절여 숙성시킨 일종의 햄이다. 본토 발음으로 하몬Jamón이라고 하는 게 맞는데, 어쩌다 우리나라에 들어온 스페인 영화 제목을 '하몽, 하몽'이라고 번역하는 바람에 그리 되었다고 한다. 까짓것 맛만 있으면 되지 발음이 대수랴!

어느 식당엘 가도 거의 예외 없이 큼직한 돼지 뒷다리가 눈에 띄게 진열되어 있고, 직접 잘라주기도 한다. 굳이 와인이 아니라 우리 식의 소주 안주로도 아주 제격이다. 솔직하게 말하자면 출발 전에 유적지 관광보다 하몽 원 없이 먹을 수 있다는 기대감이 더 컸을지도 모른다.

두 번째 식당에서는 앤초비의 원재료인 튀긴 생멸치에 샐러드, 토마토, 양파, 올리브를 곁들여 먹었다. 직접 제조했다는 화이트 와인을 자랑한다. 매장 내에 Vino Rose(로즈 와인), Tinto(레드 와인), Blanco(화이트 와인)라고 라벨이 붙어 있는 큼지막한 오크통이 자리 잡고 있다. 튀긴 생멸치를 통째로 내놓고 마음껏 먹을 수 있도록 해놓은 것이 특징이다.

세 번째 식당은 가이드가 특별히 좋아하는 곳이라고 너스레를 떤다. 별 모양 문양이 예쁜 라벨을 부착한 레드 와인이 나쁘지 않았다. 팡콘토마테Pan con Tomate가 별미다. 구운 빵에다 생마늘을 잘라 문지르고 그 위에 토마토를 으깨 문지른 다음 올리브유와 소금을 뿌리고 먹는 전통 음식이다. 원재료로 직접 만들어 먹도록 해 맛은 물론이고 재미도 쏠쏠했다. 스페인 소시지인 초리초, 이태리식 소시지인 살라미, 하몽 두 가지 등 네 종류의 돼지고기가 구미를 돋운다.

네 번째 식당에서는 다시 화이트 와인이다. 새 주둥이처럼 생긴 유리잔에 화이트 와인을 따라 흘리지 않고 돌아가며 먹는 방식이 이 집의 전통이란다. 각종 치즈에 문어를 오븐에 구워 으깬 감자 소스 바른 것, 구운 감자에 매운 소스 뿌린 것 등을 내놓았다. 이런 자리라면 절대 사양할 일이 없지. 최전방 철책 사단에서 단련된 실력이 어디 가겠는가? 두 순배를 도는데도 한 방울도 흘리지 않고 와인을 비워내 일행들의 환호를 받았다. 동시에 집사람의 눈총도 받을 수밖에 없었다.

가이드는 열린 마음으로 모든 과정을 자연스럽게 이끌어 나 갔다. 사람들이 많으면 개인별로 호불호가 있기 마련인데, 오늘 은 인원이 몇 명 되지 않아 자기도 매우 편하다며 만족스러운 표정을 지었다.

부끄러운 속내를 슬쩍 드러내자면 영어를 조금만 더 제대로 했다면 정말 재미있는 경험이 될 뻔했다. 바르셀로나 타파스 투 어 갈 때는 속성으로라도 영어를 배울 일이다. 적극적으로 대 화를 즐길 수만 있다면 정말 기대 이상의 멋진 추억이 될 것이 라고 확신한다.

필리핀 아줌마는 매사에 적극적인 리액션으로 분위기를 띄 웠다. 흑인 친구 한 명이 안주도 내 앞으로 밀어주고 술도 적극 적으로 권하는 바람에 약간 들뜬 기분이 되었다. 대화 도중 우 연히도 같은 호텔에 투숙하고 있다는 사실도 알았다.

그러나 어찌하랴 몸이 말을 안 듣는 것을. 집사람이 옆에 있 기도 했지만, 마음만 먹으면 한잔 더 할 수도 있는 상황에서 눈

꺼풀의 무게를 견디다 못했다. 투어를 마무리하는 시간이 되자 인사도 제대로 못하고 택시로 호텔로 직행했다. 씻는 둥 마는 둥 잠자리에 들었다.

서서 쏴, 앉아 쏴

여행 3일차, 계속 뒤척거리다 새벽 4시쯤 잠을 깼다. 우리 같은 촌놈이야 시차랄 게 별로 없지 하다가도 몸이 알아서 먼저 반응하는 걸 막을 도리는 없다. 많이 걷고 잘 먹고 편하게 마시니 침대에 누우면 잠들기는 문제없다. 그러나 새벽이면 어김없이 화장실을 다녀와야 하는 중년 남성의 전립선에는 깊은 경의를 표해야 한다.

없는 것도 만들어 싸우는 우리 나이 중년 부부들의 모습이 오늘도 되풀이된다. 아침이면 거의 어김없이 집사람의 쇳소리를 듣는 상황이 하나 있다. 소변 보고 좌변기 커버를 서서 쏴 자세에서 앉아 쏴 자세로 바꿔 놓는 문제다. 그렇게 하는 것이 부부간 예의라고 귀에 못이 박히도록 들었지만, 나는 매너라고는 따로 배운 일이 없다.

여행 와서 처음으로 이틀 연달아 아침을 라면으로 해결했다. 촌놈 입맛이 만국 공용이라 이제껏 라면을 특별히 챙겨간 기억은 별로 없다. 혹시나 술 마시다 저녁에 안주로 한 번씩 꺼낸 적은 있지만 주식으로 먹을 일은 없었다. 뷔페식당 가는 데도 최소한의 복장과 치장을 해야 하니 시간 아끼자는 게 새삼 라면을 애용하게 된 제일 큰 이유일 것이다. 이번에는 이틀 연속 한 사람이 샤워하는 동안 프런트에 연락해서 'hot boiled water more than 500CC'를 주문했다.

아마 어제의 기억이 과히 나쁘지 않아서 그랬을까? 오늘도 호텔 조식을 마다하고 뜨거운 물을 요청했다. 동남아 쪽은 어딜 가나 방에 커피나 차 종류 몇 가지와 커피포트는 기본으로 비치되어 있다. 하지만 여기는 냉장고 외에는 전열기구가 전혀 없는 것이다. 어제와 달리 두 번을 전화한 후에야 벨소리가 들렸다. 고급 영어를 잘 알아듣지 못했는지 달랑 300CC 정도의 작은 포트를 가지고 왔다.

보통과 대형 용기 컵라면을 모두 충족시키기에는 아무래도 부족하여, 세면대에서 뜨거운 물을 받아 추가했다. 겨우 라면이 잠길 정도로 만족할 수밖에 없었고, 어느 정도 설익은 걸 감수해야 했다. 그래도 집사람과 번갈아 컵라면 용기를 바꿔가며 김치도 없이 잘도 먹었다. 평소 애창곡처럼 되뇌던 콘티넨털 블랙퍼스트보다 맛이 못할 게 없다. 나이든 탓인가?

호텔비 아까워서 매일 아침 꼬박꼬박 샤워를 한다. 집에서 그랬으면 집사람한테 칭찬받을 일이다. 평소의 내 팽팽한 피부가 자주 안 씻어 피부 손상을 최소화한 때문이라는 나의 과학적 설명을 집사람은 좀체 이해해 주지 않는다.

마피아스럽게 생긴 가이드

계속되는 비에 어제의 기억을 금과옥조 삼아 있는 옷 없는 옷 껴입고 일과를 시작한다. 저번에도 경험했지만 여기 가이드들의 공통점이 하나 있다. 하나같이 제 시간에 와서 미리 고객을 기다리는 법이 없다. 특별히 낙천적이거나 원래 그런 스타일은 아니더라도 말이다. 택시기사를 제외하고는 일찍 와서 기다리는 경우를 보지 못했다.

오늘도 어김없이 로비에서 우리가 먼저 기다렸다. 10여 분을 넘겨 나타난 가이드는 인사도 없이 차 이곳저곳을 정리하느라 정신이 없다. 미리 깨끗하게 정리해 놓은 것이 아니라 출동해서야 부랴부랴 먼지를 터는 모습이다. 묘하게도 화를 낼 정도는 아닌 선에서 멈춘다. 무엇보다 끈질기게 비가 내리고 있었으니까.

어느 정도 시간이 지난 후 드디어 눈을 맞추며 수인사를 나누었다. 그런데 인상이 장난이 아니다. 좀 미안한 말로 껑충한 키에 우뚝한 매부리코, 파란 눈에 노란 염소수염의 마피아스럽게(?) 생긴 붉은 얼굴이 자신을 하이메라고 소개한다.

보통 젊은 여성 가이드가 많은데, 오늘 가는 곳이 로마 시대 유적지라 경험 많은 노친네 가이드를 보냈나 싶었다. 겨우 목적지인 타라고나Tarragona를 향해 출발했는데, 이 양반 계속해서 궁시렁거린다.

　　우리가 묵는 호텔 가까운 곳에서 태어나 어릴 때 살던 곳이기는 하지만, 최근 들어서는 생활권이 다른 이 산골짜기까지 차를 끌고 온 기억이 없다는 것이다. 그래도 집사람이 10여 년 전 출장차 묵었을 때는 꽤 괜찮은 호텔이었다고 한다. 무엇보다 바르셀로나 야경이 끝내준다는 기억이 강해 이번에도 여기를 택한 것이다. 세월이 흘러 도심지에 더 많은 고급 호텔들이 생겼다. 여기는 상대적으로 쇠락해 가는 인상이었다. 가만히 따져보니 그럴 수도 있겠다는 생각이 들었다. 첫날 도착했을 때 아무리 자정이 넘었다고 해도 명색이 관광지 호텔인데 벨 보이가 한 명도 대기하지 않았던 기억이 새롭다. 택시 기사들이 여기 가자면 고개를 갸웃하며 썩 내켜하지 않던 상황이 겹쳐진다.

　　통상 가이드들은 이제는 좀 그만 멈췄으면 좋겠다는 생각이 들 정도로 말을 속사포로 쏟아낸다. 이 아저씨는 과묵하다 할 정도로 말이 없었고, 물어보는 말에나 근근이 대답을 했다.

　　나중에 집사람이 내린 결론은 "술과 담배에 찌든 이 사람은 틀림없이 어제도 과음을 한 것 같고, 아침도 못 먹고 부랴부랴 나섰을 게 뻔하다"는 것이다. 비가 계속 내리는 바람에 다른 관광객들은 다 취소하고 "달랑 우리 둘만 태우고 가는 게 영 마뜩치 않은 탓이 아니었을까"라는 해석이었다.

어쨌거나 빗속을 뚫고 차를 달려 오늘의 첫 탐방지인 타라고나 입구의 악마의 다리 근처에 도착했다. 로마 시대에 만들어졌다고 하는데, 이름과 달리 생기기는 고풍스럽게 생겼다. 워낙 아찔할 만큼 높아 사람이 아니라 악마가 만들었다는 의미란다.

가이드는 차를 세우자마자 아무런 양해도 구하지 않고 담배부터 꺼낸다. 비가 추적추적 내리는데도 귀찮은지 우산도 받쳐 쓰지 않은 채 바지 주머니에 한 손을 집어넣고 한 손에는 담배를 꼬나 잡고 입으로 설명을 이어가는 식이다.

여행자들에 대한 예의와 배려가 없다고 해야 맞다. 그런데 그게 묘하게 그래도 되는 것처럼 조금의 주저나 미안함도 없이 아주 자연스럽게 행동한다. 뭔가 속는 느낌이 들면서도 굳이 꼬집어 기분 나쁜 상황은 아니라는 데 쓴웃음이 났다.

여행 비수기에 며칠째 비가 내리는 상황에서 굳이 유적지 보러 가겠다는 철없는 관광객이 많지는 않았겠지. 효용가치가 많이 줄어든 은퇴를 앞둔 가이드를 우정 배정한 것으로 편하게 이해하기로 했다.

로마 길의 신호등은 고장

지중해에 면한 항구도시 타라고나에 도착했다. 경치도 경치지만 지나가면서 보니 여기가 인간 탑 쌓기의 본향이란다. 명성답게 거의 실물 크기의 인간 탑 쌓기 조각 작품이 공원 중앙에 자리 잡고 있었다.

좁은 도심을 잘 활용한 지하 주차장에 차를 세웠다. 느긋하게 내리는 비를 구경삼아 로마가 지배하던 시절의 유적지를 급한 일 없이 둘러보았다.

수천 명의 관람객이 동시에 관람할 수 있었다는 원형극장이 제일 먼저 반겨준다. 아직 가보지는 않았지만 로마의 콜로세움 축소판 정도는 되는 모양새다.

어찌 보면 자존심 강한 이곳 사람들이 과거 자기들을 지배했던 로마 시대의 유산으로 먹고 산다는 게 아이러니다. 그 옛날 침략자이자 지배자인 로마인들이 전수했다는 포도나무와 야자수, 그리고 올리브 나무가 오늘날 지중해 연안 국가들을 먹여 살리고 있으니.

지척에 있는 전차 경주장 유적지로 발길을 옮긴다. 정복자 로마인들이 사용하던 주도로인 로마 길Roman road을 건너야 한다. '모든 길은 로마로 통한다'의 길 가운데 하나가 바로 이 길이다.

오늘날 현실의 건널목 신호등은 여기저기 고장이 나 있었다. 눈치껏 지나가자는 가이드의 말이 애교스럽게 느껴지기까지 했다.

바르셀로나에 도착하고 나서 가장 강렬하게 느낀 점 중의 하나는 이곳은 가히 흡연자의 천국이라는 것이다. 남녀노소 불문하고 장소에 구애되지 않은 채 어디서나 눈치 안 보고 담배를 피워댄다.

어느 식당에 가더라도 테이블마다 오래 전에 보았던 재떨이가 어김없이 놓여 있었다. 몬세라트 수도원 경내에서도 담배를 피우는 모습을 보았다. 너무 자연스러워 뭐라고 불평을 토로할 틈새조차 찾을 수 없었다.

담배 피우는 한국인이라면 그것만으로도 다시 오고 싶은 마음이 들 것이라고 확신한다. 눈치 볼 일 없이 너무나 편안하게 정말로 천연덕스럽게 담배를 피운다. 급기야 집사람에게 한 마디 했다.

"바르셀로나 공기의 절반은 담배 연기다."

이어 전차 경기장으로 쓰였던 유적지로 이동했다. 나중에 발굴된 유물을 토대로 3D로 복원해 놓은 재현 영상이 인상적이었다. 망루를 가진 성곽으로 둘러싸인 도시 한가운데 그 당시 인기 높던 전차 경기장이 자리하고 있었던 셈이다. 동굴처럼 생긴 출입구를 통해 경기장으로 들어가는데 규모가 장난이 아니다. 지금으로 치면 포뮬러 원Formula 1 경주와 같은 레벨로 취급을 받았다는 것이다. 전차를 몰던 선수가 죽으면 죽은 선수의 이름을 새겨둘 정도로 대접을 받았다고 한다.

전차 경기장은 그 이후 어느 때인가는 감옥으로 쓰이기도 했단다. 전시되어 있는 유물 중 대리석으로 된 석관이 눈길을 끌었다. 그 옛날 중세시대의 한때 수도사가 매장되었다가 한참 후에 같은 관 속에 다시 죄수가 매장된 흔적이 남아 있다는 설명이다. 말하자면 리사이클링의 증거다. 관 하나를 시대를 두고 두 번을 사용했으니.

지하에서 옥상으로 올라가는 엘리베이터는 작동이 되지 않았다. 가이드의 표현을 빌리자면 자기 기억에 거의 한 번도 가동된 적이 없이 늘 고장이 나 있는 상태라고 한다. 옥상에 도착할 때까지는 아무 말도 하지 말고 바로 올라가자는 식으로 계단의 가파름을 유머로 떠넘겼다. 흐흐흐, 이 노친네 아무래도 귀여운 구석이 있다니까!

시체스 해변의 빠에야

타라고나를 떠나 풍광이 끝내준다는 시체스Sitges로 이동했다. 사전 지식이 별로 없는 우리에게는 호러 무비 페스티벌이 열리는 곳 정도로만 알려져 있다.

시체스는 지중해 연안에 접해 있어 기본적으로 경치가 좋을 수밖에 없었다. 아기자기한 집들은 유명인의 별장이거나 중요한 패션쇼 혹은 회의 같은 게 열리는 장소이다. 돈 많은 사람들이 세컨드 하우스 별장을 마련해 놓고 주말이면 와서 쉬는 곳이라고 한다.

비수기에 비까지 오니 그 아름답다는 풍광도 뒷전이고, 가게도 제대로 연 곳이 없다. 좀 을씨년스럽기까지 했다. 그렇지만 성수기였다면 보나마나 사람들에게 치여 정신이 없었을 것이니 이래저래 균형이 맞는 셈이다.

거의 오후 2시나 되어 우리를 바닷가에 풀어준다. 밥도 먹고 산보도 하고 쇼핑도 하라며 2시간 정도 자유시간을 준다. 아침에 연 이틀째 설익은 라면으로 대충 때우고 나온 것을 그가 알리 없지. 열심히 걷다 보니 솔직히 2시가 되도록 밥 먹을 시간도 안 준 가이드의 무심함에 약간 화가 나기도 했다.

어쨌든 그가 추천한 바닷가의 아담한 식당으로 들어갔다. 눈망울도 크고 키가, 특히 하체가 내 키만 한 젊은 여성이 서빙을 한다. 영어가 제대로 통할 리 없으니 서로 눈치껏 소통하며 주문했다.

화이트 와인으로 목을 축이고 있는데 주문한 어부의 스프와 해물볶음 같은 음식이 나왔다. 이쪽은 간이 우리 입에 맞아 음식 먹는 데 전혀 불편함이 없을 거라더니 과연 그랬다. 스프에도 해산물이 가득했으며 해물탕에도 백합과 바지락, 그리고 엄청나게 많은 홍합이 들어 있었다.

정신없이 홍합을 까먹으며 와인을 들이켰다. 마지막으로 빠에야가 나왔다. 2인분짜리가 기본이라 다소 많을 것 같다고 우려했지만 방법이 없었다.

새우와 바다가재에 더해 역시 홍합이 많았고 오징어를 깍두기처럼 두툼하게 썰어 밥을 볶아 주었다. 집사람 말이 자기가 먹어본 중 제대로 된 빠에야라는 말을 믿을 수밖에. 대체로 짠맛이라 특별히 거부할 일 없으니 믿는다고 손해 볼 일은 없다.

추운 날씨에 차가운 화이트 와인 한 병을 다 비운데다 다소 과하게 음식을 섭취하고 일어서니 식곤증인지 시차 문제인지가 겹쳐 묘하게 나른한 기분이 계속 되었다.

시간이 별로 없어 시체스 시가지 쪽은 잠시 둘러보다 사진 몇 장 찍고 약속 장소로 돌아왔다. 출발 전 큰아들이 적극 추천한 셀카봉을 가지고 왔는데, 그거 참 신통하다. 편리한 것을 우리만 모르고 있었나 보다. 촌놈들!

피카소의 '평범한' 그림

타라고나와 시체스를 둘러보고 돌아오는 길에 어제 휴관이라 못 들렀던 피카소 미술관으로 향했다. 예술 작품 보러 오는데, 여기도 보안검색이 먼저 기다리고 있다. 유럽 쪽의 테러에 대한 감수성은 생각보다 높다.

뭐, 그렇다고 오래 기다린 건 아니다. 〈게르니카〉 같은 대작은 당연히 이름 대면 알 만한 유명 미술관(마드리드의 레이나 소피아 국립미술관)에 걸려 있다고 한다.

바르셀로나의 피카소 미술관에는 소위 피카소의 초현실적인 그림이 탄생하기 전의 초기 습작과 드로잉 등이 주류를 이루고 있었다. 큐비즘 어쩌고 하는 해체주의로 넘어가는 과정을 엿볼 수 있는 작품들도 시대별로 구분되어 있었다. 조각과 도자기 작품도 몇 점 보였다.

피카소의 위대한 업적이나 거장의 면모는 내가 알 수 있는 영역이 아니다. 그러나 피카소도 다른 화가들과 마찬가지로 딱 보면 알 수 있는 풍경이나 사람도 그리고 스케치도 했다는 것이다. 대가 이전의 초기 모습을 볼 수 있는 게 이곳 박물관의 존재 이유라고 해석했다.

나오면서 보통 티셔츠보다 2배 정도 비싼 피카소 작품이 프린팅된 티셔츠 몇 벌을 아이들 선물로 샀다. 집사람이 내게는 돈키호테를 그린 티셔츠를 추천했다. 뭔가 나의 정체를 알고 있는 듯한 느낌이다.

동굴과 자유의 섬
마요르카

꼴뚜기 튀김으로 도착 신고

수요일 새벽 5시 무렵에 기상했다. 습관처럼 비가 오나 내다 보니 이런 참, 바르셀로나를 떠날 때가 되니 날이 맑다. 그러나 여전히 공기는 차다.

새벽 6시면 나온다는 물은 아직도 소식이 감감하다. 어제 저녁 호텔의 부지배인이라는 높은 분이 좀 뵙자고 하여 무슨 일인가 했다. 밤새 이곳 공원 지역의 정기 배관 검사와 정비가 진행되는데, 소음 발생이 우려되니 방을 좀 옮겼으면 한다는 것이다. 방도 더 크고, 바르셀로나 야경이 그림처럼 들어오는 곳이니 다소 불편하더라도 이해를 바란다는 메시지였다.

Why not! "그려, 쪼까 불편은 하겠지만 그러코롬 성의 표시를 한다니께 워쩔 것이여?" 옮기고 보니 방에서는 물론이고 욕조에 몸을 담근 상태에서도 시내 야경이 한눈에 들어온다. 혹시 무슨 일로 방을 옮겨달라고 하면 무조건 짜증부터 내지 말일이다. 비행기나 호텔 방이나 예상치 않았던 업그레이드만큼 기분 좋은 일도 없는 법이니까.

2부 비 오는 바르셀로나, 타파스의 추억

다행히 어제 저녁 물이 끊기기 전에 욕조에 뜨거운 물을 받아 놓고 10여 분 몸을 담갔으니, 따로 샤워할 일은 없었다. 집사람이 머리를 감지 못한 것은 나와는 상관없는 일이다. 양치할 물조차 없던 상황이라 어제 저녁 피곤해서 그냥 자는 바람에 남겨 둔 빵으로 아침을 때웠다.

로비로 내려가니 상황은 더 심각했다. 밤새 수도관 정비를 하던 중 새벽에 파이프 어딘가가 터져 난리가 났던 모양이다. 오늘 미국으로 돌아간다던 흑인 처녀 셋이 샤워도 못하고 아침도 못 먹고 떠났을까 걱정되었다. 직원들이 무슨 죄가 있을까. 투숙객마다 한 마디씩 할 테니, 우리는 그냥 참기로 했다.

택시를 타고 마요르카Mallorca로 가기 위해 공항으로 향했다. 검색은 역시 검색, 주머니 속 동전에 시계, 허리띠는 물론 신발까지 벗고 잔뜩 긴장해서 검색대를 통과하면 그냥 가란다. 이런 젠장!

입국장으로 들어가 먼저 카푸치노 한 잔을 마신 다음 국내선 탑승 준비를 한다. 우웰링인지 벨링인지 하는 항공사는 수속이 전부 무인기기를 통해 셀프 체크인하는 방식이다. 여기저기서, 특히 노인들이 기계와 실랑이하다 결국은 직원들의 도움을 받는다. 앞으로 틀림없이 익숙해져야겠지만, 그냥 직원들이 옛날처럼 해주면 안될까 싶다.

그런데 항공사 직원들은 같은 일행인 줄 뻔히 보면서도 좌석을 한참 떨어진 곳에 준다. 무성의한 것인지 아무 생각이 없는 것인지, 매번 당할 때마다 마음이 언짢다. 가까운 자리에 앉은 젊은이 둘이 비행 내내 우렁찬 목소리로 떠든다. 승무원이 제지할 생각도 안하고 주변 사람들도 익숙한 듯 관심이 없다. 나만 영 불편하다.

바르셀로나에서 마요르카 섬 팔마 공항까지는 비행시간이 50분이다. 그러니 서울에서 제주도 정도의 거리인 모양이다. 떴다 싶은데 잠시 후 착륙한다는 기내방송이 나온다. 혹시나 해서 나중에 물어봤더니 빠른 쾌속선 타면 최소 4시간, 보통 속도의 배를 타면 7~8시간쯤 걸리는 거리라고 했다. 내려서 숙소를 찾아 택시로 20분 정도 달렸다.

목적지가 골목 안에 위치한 탓에 택시에서 내려 캐리어를 끌고 걸어가야 했다. 집사람이 인터넷 발품 팔아 한국인들에게 인기가 좋다는 게스트하우스를 용케 찾아냈다. 방 12개짜리 3층 건물로 규모는 작지만 꽤 괜찮은 부티크 호텔 카나발이다.

집안의 막내 티가 나는 젊은이가 친절하게 맞아주며 이것저것 설명을 한다. 원래 낡고 오래된 빵집이 있던 건물을 리모델링하여 작년 10월에 오픈, 가족이 운영한다고 하는데 나름대로 깔끔한 인상이었다.

1층이라 창문이 모두 작아 좀 답답했다. 하지만 방이 크지는 않아도 깨끗해서 기분이 좋았다. 한국인들의 인터넷 사용 후기

2부 비 오는 바르셀로나, 타파스의 추억

가 나쁘지 않은 이유라고 집사람이 설명한다.

간단한 규칙과 함께 주변 맛집이며 가볼 만한 곳 등 여행객이 물어볼 만한 내용을 미리 설명한다. 구시가지 골목길 안으로 잘못 들어가면 길을 잃을지 모르니 조심하라는 당부도 해주었다. 깨끗한 방과 친절한 설명에 마음이 느긋해졌다.

점심시간이 되었으므로 추천 받은 근처 식당을 찾아갔다. 유명세 탓인지 자리가 없다. 머뭇거릴 틈도 주지 않고 바로 옆의 별관 2층으로 안내해 준다. 오늘의 요리인 빠에야 비슷한 음식과 꼴뚜기 튀김이 나왔다. 아울러 바르셀로나 맥주라고 하는 모리츠 한 잔으로 마요르카 도착을 자축했다.

거리의 악사 생존법

식사를 마치고는 급한 일 없으니 이 가게 저 가게 기웃거렸다. 그렇게 시간을 때우다 해안가에 자리한 고성과 팔마 대성당으로 발길을 돌렸다. 일단 규모가 압도적이다. 하루 이틀에 지은 게 아니라 수백 년이 걸렸다는 설명이 하나도 어색하지 않다.

제법 쌀쌀한 날씨였지만 그래도 비가 오지 않는 게 어디냐. 푸른 바다를 배경으로 요트 수백 척이 그림처럼 정박해 있었다. 저 속에 테니스 선수 라파엘 나달의 요트도 있겠지. 마요르카 섬에서 팔마 다음으로 큰 제2의 도시에서 나달이 태어났다고 공항에서 오는 길에 택시기사가 자랑스럽게 설명해 주었다.

알무다이나 궁전Almudaina Palace은 관람료가 평소에는 한 사람당 7유로다. 하지만 매일 오후 3시부터 신분이 확인되면 무료 투어가 가능하다. 역시 앞서 철저한 보안검색이 진행된다. 고성 여기저기를 둘러보노라니 천정 높이나 규모가 장난이 아니었다. 전형적인 고딕 양식이라고 설명되어 있었다. 왕의 공부방, 왕비의 공부방이 따로 있어 '참 어렵게들 살았구나' 하는 생각에 슬며시 웃음이 났다.

엄청난 규모의 팔마 대성당은 문이 닫혀 있어 내부를 볼 수 없었다. 나중에 들으니 시간도 안 맞았고, 워낙 규모가 커서 들어가는 곳이 따로 있는 것을 몰랐던 탓이다. 인터넷 정보의 한계이기도 하고, 가볼까 말까 하던 계획단계에서 주의력의 결핍도 있었던 셈이다.

300년가량 무슬림이 지배하던 사원을 카탈란 어로 하이메 Jaime라는 이름의 왕이 점령하여 대성당으로 개조했다고 한다. 지금도 하이메 3세 거리가 남아 있다. 유럽에서 제일 큰 성당의 하나라고 들으니 내부를 못 본 것이 아쉽기는 하다.

해안가를 잠시 더 산책하다 전형적인 노천카페에서 커피를 한 잔 마셨다. 기다란 유리관 속으로 불길이 치솟는 야외용 난로가 인상적이었다. 그 앞에서 거리 악사가 기타 치며 노래 몇

98

곡을 부른다. 정중하게 인사를 하고 악기를 챙기더니 테이블을 돈다. 자발적으로 내고 싶은 사람만 내는 줄 알았더니 좌석마다 방문하는 통에 동전 한 닢 쥐어주지 않을 수 없었다. 인상 찌푸리지 않을 정도!

좀 더 해안가를 산책하다 피곤해서 돌아가기로 했다. 편의점에서 몇 가지 사다가 저녁을 해결하기로 했는데, 정작 마트고 편의점이고 눈에 띄지를 않았다. 우리나라나 일본 생각하면 오산이다. 겨우 도심으로 나와 쇼핑센터 지하에서 장을 볼 수 있었다.

정확히 맞는지는 모르겠으나, 이 지역의 한 가지 특징은 사람들이 국물을 즐기기 않는다는 것이다. 우리 식의 컵라면을 찾아 몇 바퀴 돌았으나 어찌어찌 눈에 띈 라면은 일본의 야끼소바였다. 뜨뜻한 국물은 이 사람들의 정서와는 거리가 확실히 있는 듯하다. 식당에서도 국물 있는 음식을 거의 보지 못한 것 같다. 그래도 우리가 누구인가. 포기하지 않고 구석에 숨어 있는 국물 컵라면을 찾아내고야 말았다.

곁들여 좋은 와인 한 병과 살라미 소시지, 자두와 복숭아 등등을 샀다. 호텔에 들어가기 전 시장기를 느껴 나름대로 괜찮아 보이는 식당을 찍어서 들어갔다. 미니버거라는 앙증맞은 이름의 햄버거와 소꼬리 다져서 불고기 양념한 음식을 먹었는데, 맛이 나무랄 데 없었다.

피곤에 시차가 겹쳤는지 쏟아지는 졸음을 감당하지 못하고 집사람과 교대로 잠이 들었다 깨기를 반복한다. 7시쯤 억지로 일어나 그래도 저녁을 챙겨 먹었다. 말로만 듣던 컵밥이라는 것인데, 좀 짜기는 했지만 한 끼 식사로 전혀 손색이 없었다. 김치찌개 덮밥은 훌륭한 식사와 안주 역할을 했다. 그동안 집에서 해주는 밥 먹느라 이런 신세계가 있는 줄 몰랐다.

마요르카에는 동굴이 많다

다음날 아침 샤워를 하고 호텔에서 제공하는 간단한 아침 뷔페를 이용했다. 역시 빠뜨리지 않고 요구르트와 과일을 챙겨 먹었다.

숙소에서 20분쯤 떨어진 곳에서 가이드 호세와 접선했다. 오늘의 동굴 관광Underground Caving Tour에 대해서 설명해준다. 쾌활한 젊은이가 두어 가지 옵션을 내놓고 선택하라고 한다. 섬의 남서쪽에 있는 이곳 팔마에서 북쪽 끝으로 1시간 15분쯤 떨어진 해안으로 가기로 했다.

가이드가 우리 복장을 보더니 좀 놀란다. 특히 복장보다 신발이 동굴 탐험에 맞지 않는다고 걱정이다. 20분쯤 가면 나오는 동굴은 땅속으로 내려갔다 올라갔다 좁은 곳을 통과하는 등 우리 복장으로는 가기 힘들다는 설명이다. 좀 멀지만 거의 높낮이가 없어 이동이 수월한 곳으로 가자고 권유해서 그렇게 결정했다.

목적지 해안 절벽을 끼고 있는 산은 높이가 1,400m쯤 되는데 눈이 덮여 있었다. 자동차도로 옆으로 자전거 하이킹 코스도 잘 정비되어 있었다. 마요르카 섬 전체를 둘러보는 데는 6일쯤 걸린다고 한다.

비가 안 와서 다행이나 여전히 춥다. 가이드 말로 1주일 전에는 15~20℃ 정도 되었는데, 갑자기 추워져서 자기도 당혹스럽다고 했다. 이동 중 주위에 철 이른 복숭아꽃 같은 것이 하얗게 피어 있어 물어보니, 아몬드 나무라고 한다. 고흐의 작품 중에 우리에게 복숭아꽃으로 알려진 것 역시 아몬드 꽃이 맞다고 집사람이 덧붙였다.

1시간 10분쯤 달려 알쿠디아에 도착, 과일과 초콜릿과 물을 샀다. 로마가 지배하던 시절의 흔적이 거의 원형대로 남아 있다는 올드 시티 입구를 지키는 무슨 게이트 앞을 눈인사로 지나쳤다.

한적한 산길을 10여 분 달려 등반로 입구에 도착했다. 거기서 헬멧 같은 장비를 챙긴 다음 다시 출발했다. 이 섬에는 해로운 동물이 전혀 없으니 걱정하지 않아도 된다는 설명이다. 산에는 야생 염소가 서식한다고 한다. 실제 산행 길에 문득문득 야생 염소가 나타나 눈을 즐겁게 해주었다. 야생 올리브가 널려 있는데, 작은 덤불처럼 크지 않아 야생 염소들이 즐겨 먹는다고 한다. 이놈의 나라는 그 비싼 올리브를 염소도 먹는구나!

30~40분쯤 올라 지중해가 보이는 정상에 도착했다. 잠시 풍경을 감상하며 물과 간식을 나눠 먹었다. 이제부터는 해안 절벽을 따라 거의 수직으로 바닷가까지 내려가는 가파른 길이다. 관광객들이 다니는 길이라 아주 위험하지는 않지만, 그래도 경사도가 장난이 아니다. 내심 긴장했으나 집사람 앞이라 아무 일도 아니라는 듯 행동하느라 더 힘들었다. 가이드가 중간 중간에 도와주어 그럭저럭 큰 힘 안들이고 하산을 계속해 드디어 동굴 입구에 도착했다.

놀랍게도 이곳 마요르카 섬에만 4천 개가 넘는 동굴이 있다고 한다. 시늉만의 아주 작은 동굴에서부터 규모가 큰 동굴, 수평 동굴, 수직 동굴, 급류로 되어 있어 거의 래프팅하는 수준의 느낌을 주는 동굴, 동굴 안 깊은 곳에 거대한 호수가 있어 서너 명씩 보트를 타고 한 바퀴 둘러보고 나오는 곳 등 굉장히 다양하다는 것이다. 심지어 무려 수km에 달하는 것도 있다고 한다.

옛날 해적들이 약탈한 물품을 숨기는 데 제격이었으며, 마약 등 불법 물품을 거래하는 장소로 쓰이기도 했다는 설명이 흥미로웠다.

흔히들 풍광 좋은 이곳 마요르카까지 와서 경치 보고 와인 마시고 하기도 바쁜데, 웬 동굴 탐험이냐고 할지 모른다. 하지만 조금만 생각해 보면 경치야 잠깐 보면 끝이지만, 이런 탐험 기회는 흔치 않을 터. 만일 일정에 여유가 있다면 꼭 시간 내보기를 권장한다. 동굴 탐험가라면 그것만으로도 마요르카를 방문할 가치가 있지 않을까?

잠시 물 한 모금 마시며 호흡 조절하고 헤드 랜턴이 장착된 헬멧으로 중무장한 다음 동굴로 진입했다. 제주도 만장굴에 가본 경험은 있지만, 그야말로 관광 코스를 순서에 따라 돌아본 그 이상도 이하도 아니었다. 그와 달리 이번에는 오롯이 동굴을 탐험하기로 한 것이니 의미가 있다.

다행히 비수기라 사람들이 없기 망정이지 성수기에는 정해진 코스를 앞사람 뒤통수만 보고 가기도 바쁘다고 한다. 가이드들이 통제하느라 여간 애를 먹는 게 아닌데, 이번에는 오직 우리 두 사람만 안내하게 되어 자기도 아주 좋은 기회라고 했다.

오늘 택한 동굴은 1km 정도만 개발되어 있는 곳이다. 중간중간 계단 같은 것이 남아 있는데, 바로 해적들이 만들어 놓은 것이라고 한다. 역사의 현장(?)에 와 있는 셈이다.

정말 다양한 크기, 색상, 형태의 종유석이며 석순이 끊임없이 이어지는 크고 작은 동굴 속을 조심조심 움직인다. 1cm 자라는 데 100년, 200년이 걸린다고 하니 큰 기둥 같은 것들의 나이는 최소 2, 3만 년은 되었을 것이다. 인류 역사 이전부터 태동한 것도 있음직했다.

마치 산호처럼 잔가지가 사방으로 뻗어나간 곳에서는 이야기가 길어지기도 했다. 기본적으로 석순은 물 흘러내리는 방향대로 자랄 테지. 어느 때 수분 공급이 끊어지면 성장이 멈췄다가 수분 공급이 재개되면 다시 성장을 계속할 것이고. 이럴 경우 물 흐르는 방향이 달라지면 제멋대로의 방향으로 석순이 자라지 않겠느냐는 것이 가이드의 추론이었다. 일방적인 설명 대신 대화를 이끌어가는 자세가 노련했다.

틈나는 대로 자연을 사랑한다는 말을 아끼지 않던 가이드는 중간에 누군가가 버린 담배꽁초를 보고 경악했다. 한국산인지 중국산이지 살펴볼까 하다가 그만 두었다.

남자아이 둘의 아버지로 자연을 즐기며 살아가려고 노력한다는 말이 조금도 어색하지 않았다. 자기 보스는 훨씬 더 '크레이지'하여 익스트림 스포츠 같은 쪽을 가이드한다고 한다. 이런 동굴 탐험은 성에 차지 않기 때문이란다. 여름에는 덥고 습해서 수면에서 6m 위쪽에 있는 동굴 입구에서 탐험이 끝나면 그대로 바다로 뛰어들기도 한다고.

돌아오는 길에 사진도 같이 찍고, 팁도 생각보다 후하게 주었더니 놀라는 눈치다. 우리 기분도 덩달아 좋아졌다. 썩 괜찮은 선택이었다.

시내를 좀 둘러보다 어느 도시에나 다 있는 쇼핑센터 지하 식품점에서 하몽 종류와 와인을 샀다. 호텔로 복귀해 작은 병 하나를 비우고 큰 병은 맛이 별로라 남겨두었다. 세상에나 와인을 남기다니!

해 지면 자유로운 영혼

해가 지자 다시 힘을 내어 마요르카 타파스 투어에 나섰다. 안내문에는 미각 기행Culinary Tour이라고 되어 있지만, 그게 그거지. 바르셀로나에서의 기억이 좋아 이번에도 기대를 하고 나갔다.

약속 장소로 가니 마치 〈인디아나 존스〉에 나올 법한 중년 의 아저씨가 키가 껑충한 다른 아저씨를 대동하고 나타났다. 알 고 보니 독일인인 가이드가 관광객이 너무 없어 심심할까봐 놀 러 온 친구를 데리고 나온 것이었다.

생뚱맞게도 언젠가 독일 어느 수도원에서 묵언 수행하는 프 로그램에서 만나 친구가 되었다고 한다. 은퇴하여 독일에서 거 주하다 싫증나면 훌쩍 마요르카로 날아와 싫지 않을 만큼 머물 다 다시 독일로 돌아간다는 이야기였다.

웃으면서 하는 말이 이곳 마요르카 섬에 은퇴하고 노후를 즐 기려는 독일인들이 꽤 많이 거주하여, 자기들끼리는 마요르카 섬을 독일의 17번째 주라고 부른다고 했다.

와인이 한 잔 들어가자 가이드와 친구는 정치에는 전혀 관심 이 없다고 운을 뗀다. 공기 좋고 날씨 좋고 경치 좋은 곳에서 자 기가 하고 싶은 일을 하며 산다고 만족감을 표시했다.

우리 보고 "너네 나라에서 지금 동계올림픽이 열리고 있지 않느냐"고 알은체했다. 그 다음 말이 걸작이다. 우리 대답을 굳 이 들으려고 하지 않고, "너도 올림픽이 정치 논리로 좌지우지 되는 게 꼴 보기 싫어서 도망 나온 거지? 어느 나라나 좌파와 우파가 있는데, 사고방식이 꽉 막힌 몰상식한 좌파나 우파는 싸

그리 변비에 걸려야 한다"며 침을 튀긴다.

그냥 지금밖에 시간이 안돼서 나왔다고 굳이 토를 달 일이 무엇인가. 마치 오랜 지기를 만난 듯 통쾌하게 웃으며 와인 잔을 부딪쳤다.

어제 못 들어간 팔마 대성당을 스쳐 지나가며 설명해 준다. 오랫동안 무슬림이 지배하던 곳을 기독교인들이 점령하면서 개조했다고 한다. 지진으로 파괴된 성당 재건작업에 가우디가 참여했다고 하는데, 자연 채광을 중시한 그의 철학대로 원형의 커다란 스테인드글라스가 설치되었다.

재미있는 점은 이 스테인드글라스가 1년에 두 번 8자 형상을 나타낸다는 것이다. 윗부분의 원 모양은 당연히 원래 스테인드글라스의 형체이다. 8자 아랫부분의 원은 빛이 만들어낸 것이다. 반대편 스테인드글라스 창을 통해 들어온 햇빛이 바닥에서부터 점점 벽을 타고 올라가면서 원형을 이룬다는 것이다. 1년에 두 번, 2월 2일과 11월 11일 원형 창문과 원형의 햇살이 만나 8자 형상을 나타내게 된다. 올해도 며칠 전에 어김없이 같은 현상이 나타났다며, 가이드가 직접 찍었다는 사진을 보여준다. 성당과 잘 어울리는 스토리텔링이다.

지중해를 바라보는 성당 앞에는 인공호수를 조성해 놓았고, 산책로가 잘 정비되어 있었다. 멀리서 바라보니 산책로 벽면의 타일 작품이 누가 봐도 후안 미로의 애들 낙서 같은 판화였다.

가이드의 말인즉슨 후안 미로의 진품이라고 한다. 판화를 확대해서 타일 형식으로 만들었나 했더니, 마요르카를 사랑한 미로가 죽기 얼마 전에 신경 써서 남긴 작품이라는 것이다. 안내책자나 브로슈어 어디에서도 이런 설명을 읽은 적이 없다. 시간 몇 분 아끼자고 박물관에도 없는 대가의 진품을 눈앞에서 외면한 무지함이라니. 그 앞에서 증명사진 하나 찍어 왔다면 두고두고 써먹을 수 있었을 텐데!

1년에 250일을 이런 식으로 저녁마다 가이드를 핑계로 세계 각국에서 온 친구들과 술 마시며 산다고 했다. 건강을 위해서 1년에 6주 정도는 금주를 한다고 너스레를 떨었다. 의외로 담배를 안 피워서 물어보니, 몇 년 전 심장마비가 왔고 그 이후로 술 마실 때만 가끔 피운다고 했다.

가는 식당마다 다 친구고 형제라고 요란하게 인사를 한다. 어찌 보면 축복받은 삶이 아닌가 싶다. 나이 들어서까지 굳이 있지도 않은 성궤를 찾아 헤맬 것이 아니라, '좋아하는 일 하며 마음 편히 살면 그게 장땡이지' 하는 생각이 절로 들게 하는 친구를 현실에서 목도한 셈이랄까.

네 곳의 식당을 순회했다. 바르셀로나에서와 마찬가지로 각기 다른 맛과 종류의 와인에 다양한 타파스를 맛보았다. 세 번째 식당은 반갑게도 낮에 미니버거를 먹은 식당이었다. 마지막 들른 곳 역시 이곳에 도착해 점심을 먹은 바로 그 식당이었다.

2부 비 오는 바르셀로나, 타파스의 추억

거기서 마요르카에서 제일 유명하다는 디저트로 오늘 일정을 마감했다.

호텔로 돌아오는 동안 다시 정신을 좀 차리고, 그냥 넘어갈 수 없어 예의상 와인 한 잔으로 피로를 풀었다. 간단히 샤워하는 시늉만 내고 다시 잠에 빠져들었다.

그라나다, 로열 채플과
알함브라의 변주곡

석류가 많아 그라나다

그라나다로 떠나는 날 역시 비가 내린다. 어제와 마찬가지로 깔끔하게 차려놓은 조식 뷔페에 카푸치노 한 잔으로 출정 준비를 마쳤다. 8시 40분까지 오라고 한 택시는 이미 8시부터 와서 기다리고 있었다. 역시 비수기의 혜택 중 하나다.

팔마 공항에서 다시 허리띠 풀고 신발 벗고 시계 풀고 어쩌고 잔뜩 긴장하며 검색대를 통과했다. 싱겁게도 몸 수색 없이 그냥 가란다. 분명 앞에서 히잡을 쓴 여성과 검색요원들이 실랑이하는 걸 보고 나도 몰래 어깨에 힘이 들어갔는데, 역시 한국인을 알아봄인가. 그런데 이게 웬 낭패, 그 와중에 시계가 떨어져 결국 고장이 났다. 보안 검색의 후유증이다.

그라나다행 비행기에 탑승했다. 가족 여행객이 많아 아이들도 덩달아 많았다. 옆 좌석에 앉은 아주머니가 안고 있는 갓난아기가 목청껏 울어대는 바람에, 본의 아니게 우유 타는 걸 도와주어야 했다.

비행기에서 내려다보니 그라나다는 마치 점을 찍어 놓은 듯,

2부 비 오는 바르셀로나, 타파스의 추억

아니면 타일 조각을 하나하나 맞춰놓은 듯한 풍경이 이채로웠다. 내려서 보니 끝없이 펼쳐진 올리브 나무 농장이었다.

스페인 남부 안달루시아 지방의 주도인 그라나다는 집집마다 석류나무가 없는 집이 없단다. 그런 탓에 스페인어로 석류를 뜻하는 granado에서 그라나다Granada라는 지명이 유래되었다고 한다.

나중에 가이드에게 들으니 사람들이 지켜야 할 계율이 기독교는 10계명, 무슬림은 5계명인데 반해 유태인들의 경우 무려 613개나 된다고. 석류 알갱이의 숫자가 바로 613개라니, 믿거나 말거나.

이사벨라와 페르난도의 사랑 이야기

그라나다는 알함브라 궁전과 로열 채플과 알바이신 세 가지로 요약할 수 있다. 택시로 시내 중심부에 있는 깔끔한 호텔로 가서 여행 가방 내려놓고 바로 관광에 나섰다. 시가지는 골목이 워낙 좁고 일방통행이 많아 택시를 타나 걸으나 시간이 비슷하게 걸리는 것을 알아둘 필요가 있다.

도시 중심부 시청 근처에 있는 로열 채플과 그 옆의 그라나다 대성당은 역시 크기가 장난이 아니었다. 우리가 영국을 대영

제국이라며 해가 지지 않는 나라 어쩌고 했던 기억이 먼저 떠올랐다. 그런데 로열 채플에 얽힌 이야기를 듣고 있노라니, 수시로 강조하는 말이 '스페인에서는 절대 해가 지지 않는다'는 것이었다. 강력한 힘을 바탕으로 세계를 휘저으며 식민 지배를 했다는 말인데, 자존심과 자긍심이 곳곳에 배어 있었다.

일단은 성당이고 성이고 예외 없이 무지하게 컸다. 작은 것, 아기자기한 것과는 거리가 먼, 그야말로 남성적인 힘이 느껴지는 모습이었다.

가이드인 베아트리스가 신이 나서 이야기하는데, 작년에 한국에 가서 안동, 경주 등을 구경했단다. 오래 체류하지 못한 것이 못내 아쉬워 곧 다시 서울을 방문할 거라며 친근감을 표시했다.

왕실 예배당인 로열 채플Royal Chapel에 대한 설명은 그 장대한 역사의 흐름을 쫓아가기도 힘들고, 더군다나 내가 알아야 할 필요도 없다. 내게는 매우 종교심이 깊고 성모마리아를 평생의 롤 모델로 삼았다는 스페인 이사벨라 여왕과 포르투갈 페르난도 왕의 일종의 정략결혼에서 시작된 복잡한 가족사이자 스페인 역사의 소용돌이 정도로 들렸다.

이들이 그라나다에서 6개월간 신혼 생활을 했는데, 애정이 없던 결혼이라 서로 동서로 나누어 떨어져 살았단다. 대성당을 짓느라 자금이 고갈되자 주변에서 무모한 투자라고 극히 반대

했음에도 불구하고 콜럼버스의 항해를 지원하는 승부수를 던졌다는 설명이 기억에 남는다. 우리가 익히 아는 바로 그 콜럼버스를 파견하여 결국 신대륙에서 가지고 온 황금으로 로열 채플을 완공하는 데 성공했다고 한다.

그들의 둘째 딸인 후앙 공주가 오스트리아 왕가의 미남 펠리페 왕자와 결혼했는데, 펠리페 왕자가 사냥을 나갔다가 사고로 일찍 사망했다. 남편에 대한 애틋한 정을 잊지 못한 후앙 공주는 남편의 시신을 대동하고 1년여에 걸쳐 스페인 전역을 돌아다녔다고 한다. 사람들이 제정신이 아니라고 수군거릴 수밖에 없었을 것이다(Handsome Philip, Crazy Mary의 유래).

이사벨라 여왕과 페르난도 왕의 아들인 카를로스는 포르투갈 왕가의 이사벨과 결혼하고, 그 사이에서 태어난 펠리페 2세가 잉글랜드의 메리 1세와 결혼함으로써 우리가 상상하는 이상의 방대한 제국을 건설했다는 이야기가 끝도 없이 이어졌다. 음모와 배신, 침략과 약탈로 점철된 역사의 먼지를 털어내고 나면, 지금은 그들 3대가 바로 옆의 그라나다 대성당 지하에 묻혀 있다는 사실만이 확실히 남는다.

로마인, 무슬림, 기독교인 들의 침입과 정복과 흔적 지우기와 자신의 영역 표시하기의 역사가 되풀이되었다. 자연히 한 건물에도 전형적인 고딕 양식을 비롯해 바로크, 르네상스, 무슬림, 크리스천 양식이 혼재되어 있었다.

알론소 카노의 숨은 그림 찾기

그라나다 대성당Granada Cathedral은 로열 채플에서 엎어지면 코 닿을 만한 거리에 있다. 원래는 이슬람 사원이었으나 기독교가 지배하면서 이슬람 문화를 없애기 위해 성당으로 개조했다고 한다.

정면 파사드는 알론소 카노Alonso Cano의 작품이다. 가이드가 쏟아내는 설명을 반의반도 이해하지 못했지만, 카노는 다재다능한 재능으로 '스페인의 미켈란젤로'라고 불렸다고 한다. 이 조각가이자 화가이자 건축가의 반골 기질에 귀가 쫑긋했다.

말인즉슨 왕실의 지시로 이곳저곳을 장식하는데 고분고분 시키는 대로 하는 스타일이 아니었다는 것이다. 꼴같잖은 지시라도 떨어지면 특유의 숨은 그림 찾기를 통해 자신만의 철학을 고집한 흔적이 곳곳에 숨어 있다고 한다. 고상한 것만을 추구하는 지체 높고 수준 높은 분들이 아닌 무지렁이 서민들의 눈높이를 중시했다는 것이다.

결혼한 적도 없는 동정녀 마리아가 임신했다는 사실을 통보받는 수태고지를 예로 들자. '그래도 뭔가는 있었겠지'라는 일반인들의 호기심을 하늘에서 한 줄기 빛이 레이저처럼 강렬하게 쏟아져 내려오는 식으로 표현해 놓았다. 천정 벽화도 있다. 사람들이 맨날 하느님, 하느님 찾는데 현실로 볼 수 있는 것은 예수님 모습뿐이니, 이왕이면 이들이 찾는 하느님의 모습을 보여주겠다는 것이다. 과문한 탓이지만 거의 유일무이하게 실제 형상의 하느님 얼굴을 표현해 놓았다는 그림을 볼 수 있었다.

무릇 예술가라면 잘난 체만 하지 말고 사람들에게 저 정도의 상상력을 충족시켜 줄 역량과 배포는 가지고 있어야 하지 않겠나 싶다. 한 번도 들어본 적 없던 알론소 카노라는 이름이 더 크게 다가왔다.

내부는 오랜 세월에 걸쳐 고쳐진 만큼, 초기의 고딕 양식에 더해 바로크 양식, 르네상스 양식, 이슬람 양식 등이 다양하게 섞여 있었다. 굳이 종교적 의미가 아니더라도 웅장한 규모에 화려한 스테인드글라스 장식이며 오페라 극장처럼 생긴 구조가 인상적이었다.

엄청 큰 파이프오르간이 설치되어 있고 그에 걸맞은 악보가 전시되어 있었다. 당시 표기법으로 꼬랑지 없이 소위 콩나물 대가리(음표)만 어른 주먹만한 크기로 그려진 악보이니 얼마나 큰지 짐작이 갈 것이다.

집시 문화의 정수, 플라멩고 쇼

성당에서 나오자 하필이면 경찰관들이 임금 인상을 요구하면서 도심 시위행진을 하고 있었다. 동료 경찰들의 에스코트를 받으며 구호를 외치는 경찰시위대의 목소리는 우렁찼다.

유럽은 큰 도로는 물론이고 뒷골목 어디고 맨땅을 보기 힘들 정도로 포장이 되어 있다. 여기도 마찬가지였다. 이 지역에서 흔하디흔한 대리석은 기본이고, 벽돌이며 타일, 석재, 여러 가지 조약돌 등 온갖 재료를 사용하여 도로를 포장해 놓았다.

이곳 도로 가운데 가장 특색 있는 도로는 무슬림들이 기독교군에 쫓겨 높은 지대로 올라가면서 만든 것이다. 자갈 콘크리트를 기본으로 한 경사지 도로에 쇳조각을 빗살무늬 형상으로 배치해 놓았다. 기독교군이 말을 타고 진입할 때 말의 편자가 미끄러져 쉽게 쳐들어오지 못하게 설계한 것이라고 한다. 말하자면 여기서도 끊임없이 공격과 방어, 지배와 정복의 피냄새 나는 역사가 반복되고 있었다.

원래는 알바이신과 알함브라 사이의 작은 강을 경계로 한쪽은 무슬림, 한쪽은 유대인이 거주했다고 한다.

택시로 알바이신 근처 언덕에 있는 식당으로 플라멩고 쇼를 보러 갔다. 플라멩코Flamenco가 맞는 말이라는데, 무슨 연유인지 우리에게 플라멩고로 입력되어 있으니 어쩌겠는가. 아무리 바빠도 집시들의 노래와 춤의 정수라는 플라멩고 쇼를 안 보고 갈 수는 없는 일이다.

원래 계획은 주변을 둘러보다 다른 곳에서 저녁을 먹는 것이었으나 미로처럼 얽힌 골목길을 헤매다 시간을 놓쳐버렸다. 바로 플라멩고 쇼를 하는 식당으로 가 식사를 하며 느긋하게 쇼를 관람하기로 했다.

비수기라 테이블이 군데군데 비어 있기는 했지만, 그래도 몇 발짝 앞 무대에서 신명나게 펼쳐지는 연주와 춤은 실내의 열기를 끌어올리기에 부족함이 없었다.

호세라는 이름을 가졌음직한 리더이자 기타리스트와 산체스가 틀림없을 선량하게 생긴 타악기 주자와 잠깐이나마 우리의 창을 듣는 듯한 착각에 빠지게 하는 다소 거칠고 꺾어지는 창법으로 깐테Cante라는 노래를 부르는 마리아와 모딜리아니 입상처럼 얼굴이 긴 남성 무용수와 엄청나게 큰 눈과 코를 가진 여성 무용수가 땀을 뻘뻘 흘려가며 무대를 압도한다.

어디선가 남성들은 발놀림을, 여성들은 손동작과 전신의 움직임을 중시한다고 들었다. 장중하면서도 비장감이 바탕에 깔린 격렬한 몸동작과 현란한 연주가 어우러져 묘하게 빠져들게 한다. 집시들의 슬픔을 승화시킨 것이 플라멩고라고 하니 예술 문외한의 눈에도 우아하고 아름답고 여성스럽고 하는 느낌과는 거리가 멀게 느껴졌다.

천국으로 가는 열쇠

다음날 2월 10일 토요일 아침은 역시 추웠다. 잘은 모르지만 언제부터인가 〈알함브라 궁전의 추억〉이라는 또르르 또르르 하는 기타 연주곡이 뇌리에 박혀 있었는데, 드디어 오늘 그 정체를 확인하는 날이 밝은 것이다.

흙벽돌 위주의 성곽이 둘러싸고 있는 알함브라 궁전Alhambra Palace은 나중에 보니 하나의 독립된 자족도시 같은 왕족을 위한 거대한 건물 집단으로 구성되어 있었다. 유럽의 왕궁이 평면적이고 인공적인 정원의 느낌인 데 비해, 알함브라는 산의 곡선을 살려 작은 산 전체를 왕궁으로 조성했다고 한다.

지금까지는 비수기에 평일이라 거의 여행객과 조우할 일 없이 단독 가이드와 함께 편하게 보고 싶은 대로 다 보았다. 그러나 알함브라는 그 명성답게 아침부터 관광객으로 붐볐다. 경내를 둘러보는 데도 일정한 시간 간격으로 관람 영역을 구분하여 혼란을 피하고 있었다.

준비 없이 왔다가는 하루 종일 기다려야 입장권을 구할 수 있다는 말이 있을 정도로 세계 각지에서 관광객들이 몰려오는 명소라고 한다. 다행히 부지런한 집사람이 한국에서 미리미리 가이드를 통해 예약을 해두었으니 그런 수고는 걱정이 없다. 가이드가 일행들에게 소형 이어폰을 하나씩 나누어주었다. 주변의 혼잡에도 불구하고 가이드의 말을 집중해서 들을 수 있게 하기 위해서였다. 간단하면서도 유용한 장치였다.

알함브라는 해질녘 노을빛에 붉게 물드는 성채의 모습에서 유래된 이름이다. 어제 저녁 알바이신 언덕에서 플라멩고 쇼를 관람하고 내려올 때 보았던 불 켜진 성곽의 실루엣이 마음을 착 가라앉히던 기억이 난다.

무어인들이 세운 이슬람 왕국이 번성하다 스페인이 이들을 몰아냈을 때다. 술탄이 알함브라 궁전만큼은 파괴하지 말고 남겨 달라고 해서 지금까지 명맥을 유지한다는 이야기가 전해진다. 이슬람이 남겨 놓은 스페인 최고의 보물이 이렇게 해서 보전된 것이다.

목욕탕에서 사과 던지기

알함브라는 현관의 정원에 해당하는 파르탈, 군사요새였던 알카사바, 아름다움의 결정체라고 하는 나스리 궁전, 휴가를 즐기던 여름 별궁 격인 헤네랄리페 등으로 구성되어 있다.

주요 건물 입구에는 반드시 열쇠 문양이 달려 있다. 말 그대로 '하늘(천국)로 가는 열쇠'라는 의미를 띠고 있다고 한다. 무슬림들의 경우 외부 침입이나 약탈에 대비해 집의 외관은 가급적 허술하게 꾸며 놓지만, 일단 내부로 들어가 보면 놀라울 정도로 화려하게 치장한 것을 볼 수 있다고 한다. 심지어 이곳 왕궁에서도 그런 정서를 발견하고 고개를 끄덕이게 된다.

알카사바Alcazaba는 군사 요새다. 망루와 함께 병사들이 거주하던 숙소, 목욕탕, 창고터 등이 남아 있다. 마치 표준도면에 따라 시공한 듯 입구, 욕실, 침실 등의 배치가 거의 같은 것을 보고 웃음이 나왔다. 한창때 병사 5천 명이 상주했다고 하니 그 규모를 짐작할 수 있다.

나스리 궁전Nasrid Palace에 들어가는 입장시간이 남아 잠깐의 자유시간을 주기에, 곁에 자리한 카를로스 5세 궁전에 들렀다. 외형은 완벽한 사각형이나 안으로 들어가니 의외로 원형경기장 같은 형태였다. 아마도 예비부부들이 와서 웨딩 사진을 촬영하는 명소인 듯, 순백의 드레스와 턱시도를 받쳐 입은 신랑신부가 사진 찍는 모습이 눈에 띄었다.

입장시간이 되어 이곳 알함브라 궁전의 정수라고 일컫는 나스리 궁전으로 입장한다. 왕의 집무실이자 생활공간이었던 나스리 궁전은 용도에 따른 각기 다른 이름의 방이 여러 개 있었다. 이슬람 문화의 정수라고 하는 정교한 조각과 화려한 문양이 모든 벽면과 천정을 수놓고 있는 것이 압권이었다.

특히 유일하게 이름이 기억나는 '두 자매의 방'인가에서 본 종유석이 쏟아져 내리는 듯한 천정 문양은 화려하다는 말로는

다 표현하지 못할 만큼 압도적이었다. 타일이며 대리석 부조며 눈 닿는 곳 어디나 '신은 오로지 알라뿐이다'라는 경구가 지천으로 널려 있었다. 처음부터 끝까지 수작업으로만 진행되었다는 설명이 한참 동안이나 귀에 울림으로 남는다.

아라야네스Arrayanes라는 중정은 하얀 대리석으로 둘러싸인 인공으로 조성한 연못에 건물 전체가 투영되는 장관을 연출한다. 우리가 익히 아는 인도의 타지마할에 직접적인 영향을 준 곳이라는 가이드의 말에 힘이 실렸다.

여름 더위를 피하며 휴가를 즐겼다는 별궁 헤네랄리페Generalife로 가는 길은 이 지역 특유의 사이프러스 나무가 인상적이었다. 중간에 수로를 만났는데, 작은 분수가 놓여 있었다. 가이드가 옆을 보라고 해서 보니 똑같이 생겼으나 크기가 더 큰 분수가 역시 똑같은 모습으로 물을 뿜어내고 있었다.

이야기인즉슨 무어인들이 원래 만들어놓은 분수를 기독교인들이 점령하면서 파괴하지 않고 그 옆에 더 큰 것을 만들어놓은 것이다. 일종의 '흔적지우기의 흔적'이라는 설명이 재미있었다.

지배자가 바뀌면 이전의 흔적을 지우고 자기영역 표시를 강하게 한다. 덧칠을 할 수 없는 경우라면 하다못해 그 옆에 더 크고 더 높게 비슷한 유형의 조각이나 물건들을 배치해 놓는 것이다. 사람의 욕심은 옛날이나 지금이나 차이가 없는 것이 아닌가 하는 생각이 절로 들었다.

무슬림 지도자가 통치하던 시절에는 일부다처가 당연한 풍습이었다. 어느 술탄은 모두 29명의 부인을 두었다고 한다. 아래층의 거대한 목욕탕에서 전라의 부인들이 목욕하는 모습을 위층에서 내려다보던 왕이 손에 들고 있던 사과를 던진다. 그 사과에 맞은 부인과 동침하는 것이 관례였다고 한다.

가이드는 이 대목에서 얼마나 로맨틱한 이야기냐며 포장하기에 바쁘다. 나는 이게 알함브라 궁전의 추억의 어그러진 실체인지 모르겠다며 혀를 끌끌 찼다.

다행히 〈알함브라 궁전의 추억〉이라는 기타 곡에 대해 간략히 설명해 주었다. 타레가라는 작곡가가 이곳에서 어느 부인에게 사랑을 고백했으나 받아들여지지 않자 그 밤에 실연의 아픔을 담아 작곡한 것이라는 것이다. 그 애잔한 선율의 정체를 조금은 알겠노라.

시에라네바다 산맥의 천년설이 녹아내린 물이 이곳 알함브라를 거쳐 그라나다로 공급되고 있다는 사실이 그나마 위안이 되었다.

서너 시간이 훌쩍 지나 몹시 배가 고팠다. 시내까지 가다가는 굶어 죽을지도 모른다는 강박관념에 주변을 둘러보았다. 궁전 담벼락을 끼고 있는 제법 격식을 갖춘 식당이 눈에 띄었다. 점심때가 조금 지나서인지 얼마 기다리지 않고 식당 안에 자리를 잡았다. 제법 익숙해진 스페인 음식이 아닌 소고기 스테이크와 참치 스테이크를 시켜보았다. 생각보다 참치 스테이크는 맛이 영 아니었다. 타바스코 팍팍 쳐서 와인 한 잔에 억지로 삼키다시피 한 것이 억울하다.

궁전 밖으로 나와 보니 날씨가 너무 좋다. 택시나 버스를 마다하고 울창한 숲길로 이어지는 공원을 가로질러 슬슬 걸어서 내려 왔다. 시간이 좀 어중간해서 알카사바에서 인상 깊게 본 사크로몬테Sacromonte로 가는 버스를 탔다.

산 정상 쪽 언덕 경사로에 동굴을 파서 만든 집시들의 거주지였다. 이슬람과 기독교가 횡행했던 이 지역에 '우리도 있다'라는 것을 증명하듯 이방인적인 요소를 물씬 풍기고 있다. 중형 버스가 구불구불한 좁은 길을 마치 우리네 마을버스처럼 여기도 섰다 저기도 섰다 하며 눈을 즐겁게 해주었다.

숨은 가우디 찾기,
사그라다 파밀리아

가우디 흉내 내기

일요일, 그라나다에서 바르셀로나로 돌아가는 여정이다. 좁은 식당에서 간단한 아침을 먹고 나오니 택시기사가 일찌감치 기다리고 있었다. 교통체증 없이 시원하게 달려 공항에 도착했다. 1시간쯤 비행 후 바르셀로나에 도착해 택시로 다시 며칠 전 묵었던 호텔로 이동했다.

호텔 내 식당에서 점심을 먹었다. 서빙을 하던 인턴 비슷한 젊은 여성이 오늘의 요리에 대해 진지하고도 맹렬하게 설명한다. 간단히 때우려던 생각에 약간의 타협을 하기도 했으나 크게 손해 본 느낌은 아니다.

짐을 풀고 이번 여행의 큰 목적지 중 하나인 사그라다 파밀리아 성당Sagrada Família Church으로 향했다. 바르셀로나에 오면 제일 먼저 찾아갈 줄 알았는데, 마요르카 거쳐 그라나다 돌아 여행 마지막에야 마주하게 되었다.

집사람은 회사 출장을 비롯한 이런저런 일로 바르셀로나를 열 번쯤 와봤는데, 일단 이곳에 오면 사그라다 파밀리아를 보지 않을 수가 없단다. 계속해서 공사중이기 때문에 성당 내부에 건축자재 따위가 꽤 어지럽게 널려 있는데, 그래도 지금은 많이 정돈된 분위기라는 것이다. 매번 방문하다시피 했어도 늘 스쳐 지나갈 정도의 여유밖에 없었기에 구석구석 제대로 보는 것은 이번이 처음이라고 한다.

이번 여행에서 억세게 운이 나빴던 점은 날씨가 도와주지 않았던 것이리라. 반면 정말로 운이 좋았던 점은 비수기인 덕분에 거의 개인 가이드를 대동하게 된 것이다. 많은 사람들을 챙기느라 정신없을 때와는 달리 편안하게 한 가지라도 더 설명하려고 하는 가이드를 만난 것은 기대 이상의 행운이었다.

한국에서 인터넷으로 미리 예약해 둔 근처 여행사 사무실에서 프란치스코라는 이름의 가이드가 반겨준다. 프란치스코는 첫 인상이 배우 같았으나, 아쉽게도 스페인 억양이 섞인 영어는 알아듣기 쉽지 않았다.

접근하는 방향에 맞춰 제일 먼저 본 것은 잘 알려진 앞쪽이 아니라 성당 건물의 뒤쪽이었다. 가우디가 만든 것이 아니라 후대의 조각가들이 가우디라면 이렇게 만들었을 것이라고 생각해 조성한 것이라고 한다. 선입견 탓일까, 아직 세월의 때가 묻지 않아서인지 가우디풍이 느껴지면서도 이건 아니지 하는 이질감을 감출 수 없었다.

건물 또는 조각을 보는 안목이 없어서 그랬을 테지만, 솔직히 첫 인상은 그리 호의적이지 않았다. 상상 속의 건물에 비해 규모가 크지도 않다는 느낌을 받았다. 물론 기우였다. 탄생의 파사드를 보는 순간 이전의 어쭙잖은 감상은 한 줌의 가치도 없이 사라졌다. 건축학도라면 평생에 한 번은 그 앞에서 스케치를 하는 게 꿈이라는 그 앞에 드디어 선 것이다.

그래서 그런 것인가. 현재는 가우디가 조성한 부분만 유네스코 세계문화유산에 등재되어 있고, 나머지는 최종 완공되면 그때 전체 건물을 등재 신청할 예정이라고 한다.

신의 창조물보다 낮게

제일 인상적인 첨탑은 아직도 건축 중이다. 현재 100m 정도 올라갔으며, 최종 목표는 172.5m라고 한다. 바르셀로나에서 가장 높은 몬주익Montjuic(Jewish Mountain, 즉 유대인의 산이라는 의미) 언덕 높이가 173m라서, 그보다 0.5m 낮은 높이로 설계했다. 자연을 신의 창조물이라 여겼던 가우디가 신의 창조물인 몬주익 언덕보다 자신의 작품이 더 높아서는 안 된다고 생각했기 때문이다.

뾰족뾰족한 탑이 한두 개가 아니다. 물어보니 모두 열여덟 개의 탑이 올라갈 예정이라고 한다. 예수의 열두 사도들에게

봉헌되는 탑이 열두 개, 마태복음, 요한복음 등 복음서 저자들을 위한 탑이 네 개, 그리고 성모 마리아와 예수 그리스도를 위한 탑이 하나씩이다.

건물 동쪽이 가우디가 생전에 완공시킨 '예수 탄생' 파사드이다. 수태고지와 동방박사 경배 등이 조각되어 있다. 서쪽은 '예수 수난' 파사드로 예수의 수난, 고통, 죽음이라는 주제를 조각해 놓았다. '예수 영광' 파사드는 2002년에야 시작에 들어갔다고 한다. 내부는 거의 완공된 셈이라고 하는데, 바닥 일부를 공사하는 중이었다. 겨울이 너무 추워 바닥에 뜨거운 물이 흐를 수 있도록 배관을 까는 공사였다. 2019년에 완공 예정이란다.

바닥은 관광객의 편의를 고려하여 대리석과 코르크가 교차되어 있었다. 대리석의 경우 그 의미를 확대하기 위해 세계 곳곳에서 가져온 각기 다른 종류를 사용했다고 한다. 코르크는 압축 기술을 사용하여 견고하면서도 관광객들의 지친 발바닥이 받는 압력을 줄이도록 배려한 것이다.

원래 고딕식은 창이 작다. 하지만 여기는 가우디가 중시하는 자연 채광을 고려해 화려한 스테인드글라스로 치장된 큰 창을 가지고 있다. 지중해의 강렬한 햇빛을 끌어들여 신을 가까이서 느낄 수 있는 축복의 장이 되도록 설계했다는 것이다.

그 같은 철학 위에 예술적 감각을 덧씌워 계절을 각기 다른

색으로 표현했다. 봄은 초록색, 여름은 오렌지색, 가을은 수확의 계절을 뜻하는 빨간색, 겨울은 푸른색으로 나타냈고, 겨울에 이어 봄이 온다는 의미로 다시 초록색으로 마무리했다. 계절의 순환을 느끼도록 하기 위해서였다.

내부는 울창한 숲에 들어온 것 같은 느낌을 받도록 설계되었다. 나무 역할을 하는 기둥은 하중을 분산시키기 위해 트위스트 형태를 취했다고 한다. 상부의 장식을 보면 설명을 듣지 않아도 야자수 숲을 연상할 수 있었다. 자연과 가우디는 어떤 이유로도 분리할 수가 없다고나 할까.

이 성당의 주제는 '성 가족'이다. 성 가족의 구성원인 예수, 마리아, 요셉과 함께 초기 기독교의 순교성인인 성 게오르기우스의 조각상이 사방에 나눠 배치되어 있었다. 성 게오르기우스의 조각상은 몬세라트 수도원에 있는 것과 같은 조각가가 조각했다는 것을 보는 순간 바로 알아차릴 수 있었다.

2010년엔가 바티칸에서 교황이 직접 와서 축성미사를 올렸다는 흔적이 대형 브로마이드로 남아 있었다. 이곳에서는 매주 일요일 9시 15분에 미사가 봉행되며, 세계 각지에서 온 이들 누구라도 참석할 수 있도록 개방된다.

파사드마다 주요 출입구가 있어 탄생의 문, 수난의 문, 영광의 문으로 명명되었다. 아마 수난의 파사드로 나가는 문인가는 개방되어 있지 않은데, 처음 지을 때 부지를 확보하지 못해서란다. 문을 열면 발코니가 너무 좁아 사고가 날지 모른다는 우려 때문이다.

전면에 세계 50 몇 개국 언어로 성경 구절을 새겨놓았는데, '오늘 우리에게 일용할 양식을 주옵소서'라는 한글도 당연히 자리하고 있어서 반가웠다.

한쪽 구석에 청동으로 만든 평면도가 설치되어 있었다. 설명을 듣다 보니 어느 순간 전체 구도가 예수님 혹은 십자가 형상으로 보였다. 무신론자 눈에만 그렇게 보인 것인지, 가이드에게 물으니 그런 의견을 표출한 사람은 없었다고 한다. 공식적으로 그런 해석은 없다는 뜻이다.

그런데도 내 생각에는 십자가 형상으로 보는 데 무리가 없었다. 가우디의 숨겨진 퍼즐의 하나는 아닐까? 사진 잘 안 찍는 평상시의 자세를 버리고 가우디 두상 조각 앞에서 내 의견에 동의해 달라며 포즈를 취했다.

로마 병정과 스타워즈

밖으로 나와 탄생의 파사드 앞에 서면 예수님의 탄생에서부터 십자가에 못 박힌 과정을 조각해 놓은 것을 볼 수 있다. 성서 시대 로마 병정의 가면 쓴 얼굴은 오늘의 까사밀라 옥상에 똑

같은 조각으로 재현되어 있다. 스타워즈가 이걸 차용해서 대성공을 거두었다는 게 가이드의 설명이었다.

한쪽에 퍼즐처럼 생긴 숫자판(마방진)이 새겨져 있는데, 가로 세로 대각선 어디로 더해도 그 합은 33이다. 예수님의 생애를 나타낸 것이라고 한다. 로마 병정들에게 둘러싸여 십자가를 지고 있는 예수님 가까이에 무릎을 꿇고 있는 사람 하나가 눈에 띈다. 가우디의 얼굴을 숨겨 놓은 것이라는 설명이 흥미롭다.

사그라다 파밀리아는 2026년 최종 완공 예정이다. 가우디 사망 100주년이 되는 해를 기념하기 위한 것이라고 한다. 남아 있는 공정의 대부분은 바닥과 첨탑 부분이다. 내부 인테리어는 거의 끝난 셈이다. 사그라다 파밀리아에 사용된 주자재는 돌이다. 1950년경 근처 채석장의 돌이 바닥난 뒤로는 철거된 석조 건축물의 자재를 재이용하다가 지금은 인조석과 철근 콘크리트를 사용하고 있다는 설명이다.

주마간산으로 성당을 둘러보고 가슴에 와 닿는 말이 있다. '고통 속 인간들이 기도를 통해서 신에게 이를 수 있게 한다.' 가우디의 원대한 꿈을 조금이나마 느낄 수 있는 말이다.

한 마디로 가우디가 사그라다 파밀리아를 만들었고, 그 사그라다 파밀리아가 다시 가우디를 만들었다. 백년 하고도 몇십 년 전에 착공한 공사가 아직도 이어지는 전설을 의미심장하게 녹여낸 말이라는 생각이 든다.

가이드의 설명 중 인상적인 것이 두 가지 있었다. 하나는 가우디의 위대한 건축의 출발점에 관한 이야기다. 하느님이 창조하신 자연의 모방이라는 일관된 철학은 신체의 불편함에서 시작되었다고 한다. 어릴 때 관절이 좋지 않았던 가우디는 또래들과 어울려 놀 수가 없었다. 그래서 자연을 관찰하는 데 최대한 집중할 수 있었다. 그가 남긴 수많은 스케치가 이를 뒷받침해 준다.

또 하나는 가우디의 죽음에 관한 일화다. 말년을 거의 공사 현장에서 숙식하다시피 매달리던 가우디는 전차에 치여 병원으로 옮겨진 지 3일 만에 숨을 거두었다. 너무 허름한 차림이라 그가 누구인지 알아볼 수 없었고, 치료도 제때 이루어지지 못했다는 것이다. 그 병원에서 한눈에 보이는 곳에 성당이 자리하고 있다. 가우디는 자신이 첫 삽을 뜬 성당의 지하 예배당 한 구석에 조용히 누워 있다.

완공되면 입장료는 어떻게 할까라는 재미있는 질문을 가이드가 했다. 지금까지 정부나 기업의 협찬을 받지 않았으며, 돈 많은 특정인의 기부도 마다 했다고 한다. 오로지 일반인들의 십시일반 헌금으로 비용을 충당하는 원칙을 지켰다는 것이다.

당연히 중간에 공사가 일시 중단되기도 하고 지지부진하기도 했다. 수많은 고비가 있었으나 이제 그 종착역을 내다볼 수 있게 되었다. 완벽한 모습의 성당을 관람할 수 있게 되었을 때

과연 입장료를 어떻게 할 것인가라는 질문은 엉뚱하면서도 현실감을 느끼게 해주었다.

화장실 가다 발견한 박물관

하마터면 이 성당의 건축 과정을 전시하고 있는 박물관을 못 보고 나올 뻔했다. '예수 수난' 파사드 지하에 있는 화장실을 가다가 우연히 발견했다. 눈에 띄기에 큰 기대 없이 들어갔을 뿐이다. 하지만 사진 몇 장과 낡은 설계도면으로 채워놓은 것이 아니라, 옛날 작업할 때 쓰던 도구, 실험 기자재, 미니어처, 작업실 등이 고스란히 남아 있었다.

특히 모든 건축물은 사전에 철저하게 미니어처로 제작하여 과학적인 검증을 거친 후 실행에 옮긴다는 해설이 인상적이었다. 외부의 그 거대한 첨탑이 건축가의 감에 의존한 것이 아니라, 중력에 의해 추가 늘어진 모습을 거울상으로 뒤집어 구현했다는 것이다.

박물관만 둘러보아도 성당의 역사를 대강은 이해할 수 있게 해놓았다. 혹시 사전에 충분한 준비 없이 사그라다 파밀리아에 간다면, 소변이 마렵지 않더라도 꼭 화장실을 들를 일이다. 화장실 구경하는 셈치고 둘러보다 고액권을 줍는 행운이 따를지도 모르니.

어쨌거나 이번 여행의 큰 목표 중 하나를 완수했다는 안도
감에 마음이 푸근해진다. 그것도 잠시, 예술의 영역을 벗어나
본래의 모습으로 돌아오자 허기가 밀려왔다. 일요일이라 시내
식당이 문을 닫는 곳이 많으니 조심하라던 호텔 직원의 조언을
잊지 않고, 지하철을 타고 바닷가로 향했다. 그래도 관광지이니
우리 같은 뜨내기들을 위해 문을 연 식당이 있을 것이라는 기
대를 가지면서 말이다.

불야성은 아니었지만 그런 대로 곳곳의 식당이 성업 중이었
다. 문 앞의 메뉴판을 보고 좀 비싸다 싶은 곳은 피했다. 우리네
포장마차를 제법 큰 규모로 확장한 것 같은 반 야외 천막식당
에서 해물 모듬구이와 와인으로 가우디에게 헌사를 보냈다.

호텔에서 배관 정비 때문에 업그레이드해 준 방에서 바르셀
로나의 끝내주는 야경을 재차 음미한다. 언제 다시 올지 모르는
이번 여행의 대미를 장식하는 와인이 기다리고 있었다.

가우디가 먹여 살리는 바르셀로나

월요일, 서울로 돌아가는 날이다. 새벽까지 바르셀로나에는
비가 내렸다. 이곳을 다시 찾을 일이 있을지 모르겠다. 평생 딱

한 번 와본 곳인데 도착한 날부터 3일 동안 계속해서 비가 내렸다. 심지어 며칠간 다른 곳을 둘러보고 돌아와 마지막 귀국하는 날 아침까지 비가 내렸다. 그리하여 바르셀로나는 적어도 나에게는 영원히 비 내리는 도시로 기억될 것이다.

호텔에서 대충 아침밥을 챙겨 먹었다. 아, 여기는 그래도 고급 호텔 족보에 속하는지라, 이번 여행 와서 처음으로 계란프라이 주문을 받아주었다.

구엘 공원Guell Park으로 간다. 바르셀로나는 FC바르셀로나라는 축구팀과 가우디가 먹여 살리는 도시였다. 사그라다 파밀리아 외에도 가우디의 작품인 구엘 공원과 까사바트요, 까사밀라가 흔히 관광객들의 순회 코스다. 코스대로 돌자면 버스를 타든 택시를 타든 이동비만 해도 장난이 아닌 것이다.

구엘 공원은 생각보다 규모가 아주 크지는 않았으나, 멀리서 봐도 딱 가우디스러움을 느낄 수 있었다. 말 그대로 공공 휴식 공간인 공원의 대부분은 무료다. 하지만 흔히들 증명사진 찍고 오는 자연공원과 건축물이 모여 있는 부분은 유료 입장이다. 그걸 보고 공원 치고는 규모가 너무 작다고 생각한 것이었다.

관광 비수기 2월의 월요일 비 오는 아침 구엘 공원 관람객의 70%는 한국인, 10%는 중국인, 10%는 일본인, 나머지 10% 정도만이 우리와 생김새가 다른 사람들이었다.

자연을 모방한다는 철칙대로 특유의 곡선을 가진 건축물이 반겨 준다. 마치 동화 속에 나오는 과자로 만든 듯한 앙증맞은 건물은 관리실과 기념품 가게다. 생각보다 내부가 좁아서 오래 머물고 싶은 마음은 아니었다.

아무래도 눈에 익은 도마뱀 모양의 분수가 눈길을 끈다. 타일 깨진 것을 모아 형상화했다는 것으로 반드시 증명사진을 찍는 곳이란다. 위로 올라가면 빙 둘러싼 회랑이 있는데, 파도치는 모습을 본떴거나 야자나무 모양을 형상화했다는 것을 쉽게 알 수가 있었다.

그리스 신전을 모티브로 했다는 거대한 기둥이 떠받치고 있는 건축물은 부분적으로 공사 중이었다. 그 지붕 위에 구엘 공원의 꽃이라 불리는 타일 벤치가 있다. 깨진 타일을 이어 붙여 용의 모습을 형상화한 듯, 아니면 바다의 파도처럼 구불구불한 모습으로 관광객들을 유혹한다. 해질녘 이곳에서 내려다보는 지중해의 모습이 장관이라고 하는데, 마지막까지 비 핑계를 대야 하는 것이 속상했다.

'바트요'의 집을 보고 '밀라'도 졸라서

시간이 조금 남아 다시 까사바트요Casa Batllo 즉, 바트요의 집으로 갔다. 꽤 비싸다는 입장료에도 불구하고 관람객의 줄이 장난이 아니었다. 뼈로 기둥을 삼은 듯 해골이 연상되는 발코니 모양이라서 주변 건물과 확연히 구분된다. 모르고 보면 기괴하거나 우스꽝스런 모습이 낯설다.

하지만 자연을 모티브로 해 채광과 공간구조가 철저하게 계산된 천재 건축가의 철학을 보여주는 건축물이라고 하니, 잘 모르면서도 고개를 주억거리게 된다. 타일 같은 것을 쪼개 모자이크 기법으로 장식하는 방식은 가우디 건축물의 정체성이다.

나중에 들으니 내부나 심지어는 옥상도 비싼 입장료를 낼 만큼의 가치가 있다는 것이다. 유명할수록 관람객의 줄이 줄어들지 않을 것이므로, 우리같이 성질 급한 사람들은 사진으로나 만족해야 될 것 같다. 그래도 이게 어디냐? 척 봐도 이건 가우디의 작품이라는 것을 알아낼 만큼 식견이 이미 높아진 것을.

근처 까사밀라Casa Milà로 비를 맞으며 걸어갔다. 바트요의 집(까사바트요)을 보고 홀딱 반한 밀라가 나도 하나 지어 달라고 졸라서 완공되었다는 밀라의 집(까사밀라)이다. 본명보다 라 페드레라La Pedrera로 더 많이 알려져 있다.

이는 필시 거대한 채석장처럼 보이는 데서 유래한 것이리라. 돌덩이처럼 생긴 외관에 미역 줄기 같은 철제 발코니가 배치되어 있어, 마치 굴착중인 산처럼 보인다고 해서 붙은 이름이라는 것이다. 지금이야 방귀깨나 뀌는 부자들만 거주하는 선망의 대상이라지만, 초기에는 어떤 평가를 받았을지 눈에 선하다.

비도 오고 해서 한기를 느끼던 차에 근처에 캡슐커피 회사의 현대식으로 잘 꾸민 편집매장이 있었다. 구경하는 척하며 공짜 커피를 두 잔이나 마셨지만, 결국 미안해서 캡슐 몇 개를 샀다.

틈틈이 가게만 눈에 띄면 들어가서 사고 치려는 집사람과 끊임없이 실랑이하며 호텔로 복귀했다. 있는 짐, 없는 짐 몽땅 구겨 넣고 귀국을 위해 공항으로 향했다. 바르셀로나에 항상 비가 오는 것이 아니라는 걸 확인하기 위해 다시 와야 한다는 집사람의 말을 지팡이 삼아.

이제부터 시작이다

사실 여행 전 내시경 검사에서 용종이 발견되었다. 작은 것 몇 개는 그 자리에서 처치했으나 제법 큰 것이 문제였다. 조직검사 결과 용종보다 고약한 선종이라 내버려두면 좋을 게 없다는 진단이었다. 어렵게 성사된 여행이라 고민하다 의료진과 타협을 했다. 다행히 분초를 다툴 그런 상황은 아니니, 일단 여행은 다녀오는 것으로 정리가 되었다.

여행에서 돌아오자 곧바로 구정연휴였다. 월요일에 입원해서 시술 받기로 했다는 사실을 일요일 밤 집사람에게 통보했다. 위중한 상황이면 그렇게 숨길 수 있었겠느냐는 변명은 전혀 효과가 없었다. 섭섭함이 아닌 분노의 표정을 잊을 수 없다. "죽으려고 환장했냐"는 표현은 점잖게 윤색하고 또 윤색한 것이다.

어쨌거나 살아났다. 그리하여 나의 여행은 이제부터 시작이다!

지리산 블루스

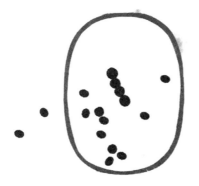

3월에 내리는 눈
환갑을 빙자한 삿포로 여행

이번에는 패키지여행을 떠나기로 했다. 그것이 깃발부대가 되었건 노란 모자가 되었건 아랑곳하지 않는다. 오로지 모이라면 모이고, 주면 주는 대로 먹고, 잠자라면 자면 되는 그 절대적인 구속의 연장선상에 있는 묘한 자유로움과 게으름과 뭐 등등에 몸과 마음을 통째로 맡기기로 한 것이다.

결론부터 말하자면 상식선에서 볼 때 말도 안 되는 초저가, 초특가의 함정을 벗어난다면, 때로는 나이 드신 분들 한 푼이라도 아끼겠다고 안경을 썼다 벗었다 하며 인터넷 뒤지는 수고하시지 말기를 권한다.

여행사에서 나눠준 일정표에는 '삼성 갤럭시 노트7 항공기 반입금지 안내문'을 필두로 여행 스케줄이 거칠지만 날짜순으로 정연하게 정리되어 있었다. 그렇지만 그게 무슨 대수랴. 어차피 처음부터 꼼꼼하게 읽을 마음은 추호도 없다. '시키는 대로 하면 되지!' 이보다 더 신나고, 편하고, 자유로운 일이 있을 것인가?

계절이 계절인지라 구경보다는 온천이 주가 되는 일정을 택했다. 뭐 좀 더 솔직히 말해 젊었을 때처럼 발바닥에 불나도록 정신없이 돌아다니는 건 졸업할 때가 된 것이다. 가급적 덜 움직이고 맛있는 것 많이 먹고, 더군다나 허리고 어깨고 안 아픈 곳이 없는 나이에 걸맞게 시간 날 때마다 뜨뜻한 온천물에 몸을 담글 수 있다니 이만하면 제격 아닌가?

그래서인지 온천수 수질이 어떻다든가 하는 문구에는 관심이 없고, '대부분의 일본 온천은 남녀 탕이 구분되어 있으므로 온천욕시 수영복은 필요 없습니다'라는 문구가 유독 눈에 띄었다. 혹시 그렇다면 대부분이 아닌 일부분의 경우 남녀 탕이 구분되지 않은, 말하자면 남녀 혼탕이 있을 수 있다는 말 아닌가.

직장 초년병 시절 일본에 출장을 갔을 때의 일이다. 어디선가 주워들은 일본과 독일은 대중탕이 혼탕이라는 말을 기억하고 빡빡한 일정에도 굳이 시간을 내어 동료들과 대중탕을 찾았다. 그러나 호기심도 잠시, 저 높은 곳에서 우리를 내려다보는 나이든 아주머니의 위세에 눈도 한 번 마주치지 못하고 슬금슬금 몸에 물만 칠하고 얼굴 화끈거리며 나왔던 기억이 새삼스럽다.

동반자 1인의 자격, 환갑을 빙자한 여행

여느 때와 마찬가지로 거의 집 앞에 바로 서는 수준인 공항 리무진을 타고 공항에 도착했다. 평소 거실의 전구를 교체하는 일이며 주민등록초본 떼는 일 등을 전담하는 생활의 달인 집사람이 있으니, 심심할세라 한 마디씩 잔소리하는 걸 빼면 내가 할 일은 거의 없다.

출국수속 간단히 끝낸 후 항공사 마일리지 많이 쌓아놓은 집사람 덕분에 '동반자 1인'의 자격으로 소위 일등석 라운지 First-Class Lounge라는 곳을 생전 처음 구경했다. 모엣 샹동인가 무슨 띵똥인가 말로만 듣던 샴페인을 우동 국물 안주로 마시는데, 짬뽕 국물에 소주 훌쩍이던 본연의 모습이 오버랩되어 '이게 무슨 일인가' 하는 생각에 적지 아니 실소했다.

게다가 평소에 어떻게든 잘 안 씻고 버티는 데 익숙한 터에 화장실에 가니 칫솔에 가글까지 비치되어 있었다. 약간의 문화적 충격에 잠시 당황했지만, 곧 정신을 차리고 안 하던 양치질 점잖게 하고 나왔다. 품격을 갖추느라 커피 대신 이름도 생소한 얼그레이 차로 폼을 잡았다.

이름하여 환갑 여행, 보다 정확하게는 환갑을 빙자한 기념 여행이다. 그도 그럴 것이 통상 이런 여행은 자식들이 용돈 아껴 틈틈이 모은 돈으로 보내주는 것으로 알고 있었다. 그런데 아무리 눈치를 주어도 아들 두 녀석은 집에서 함박스테이크와 중저가 와인으로 저녁 한 번 차려주고는 지들 할 일 다 한 것으로 치부하고 있었다.

주변에서 애들이 어디로 여행 보내줬느냐고 덕담 삼아 물어 볼 일이 자명한 세상인지라 결국 우리 호주머니 털어 우리가 앞장서서 집을 나서게 된 것이다.

'이놈들아, 이 비용은 복리로 쳐서 나중에 며느리들에게서 기필코 뽑아낼 것이야!'

비즈니스 석의 추억

그런저런 분위기에 취해 오래전 독일 출장길의 에피소드가 생각난다. 당시 모 제약회사에 근무하던 시절 국내에 처음으로 도입되는 신약의 본사 차원 발매 기념식 참석을 위해 베를린으로 초청을 받았다. 그때만 해도 해외여행이 그렇게 자유롭지 않던 시절이었을 뿐만 아니라 업무 영역상 비행기 탈 일이 거의 없던 상황인데, 떡하니 비즈니스 클래스로 예우를 해주었다.

아시는 분은 아시겠지만 지금 웬만한 직장인이라면 해외여행이고 출장이고 밥 먹듯이 다니는 시절이 되었음에도 불구하고, 직장내 지위가 어느 정도에 이르지 못하면 비즈니스 석은 여전히 그림의 떡인 것이 현실이다.

그러니 비행기 두 번째인가 세 번째인가 타는 자에겐 여직 모든 것이 어리바리 신기하기 짝이 없었다. 기내식 주는 것이 감사하고 스튜어디스 상냥한 미소에 어쩔 줄 모르던 시절에 비즈니스 석은 감지덕지 이상의 사건이었다. 이륙하자마자 공짜로 주는 샴페인으로 입맛 다신 후 위스키에 콜라 타서 마시고는 뻗어 버렸다.

환승을 위해 내린 프랑크푸르트 공항에서 일이 벌어졌다. 입국심사하는데 당시 규정상 1인당 담배 1보루 규정이 발목을 잡았다. 동행한 동료가 한참 담배를 피우던 시절이라 출장기간 감안하여 두 보루를 준비한 것이 화근이었다.

지금 같으면 한국에서 왔다고 하면 틀림없이 짐 검사는커녕 온갖 미소 지으며 잘 놀다 가라고 할 것이다. 그때만 해도 별반 듣도 보도 못한 저 아시아 촌동네에서 온 작달막한 키의 동양인 두 놈이 나타나니 안 해도 될 짐 검사를 했던 탓이리라 짐작될 뿐이다.

젊은 세관원에게 우리가 두 사람이니 각자 한 보루씩 계산해서 만사 OK라고 명쾌하게 정리해 주었다. 그럼에도 불구하고 그건 그거고 한 가방에서 두 보루가 나왔으니 부득부득 세금을 물려야겠다는 것이었다. 아마 영어가 짧았으니 바락바락 대들지 않고 그나마 그 정도에 그쳤을 것이다.

한참 혈기왕성하던 시절이었던 만큼 우리는 부당하게 세금을 내느니 차라리 담배를 포기하기로 결정했다. 세관원이 보는 앞에서 옆에 있는 쓰레기통에 통째로 던져버리는 만용을 부린 것이다.

출장 막바지에 파리에서 이틀인가 머물다 귀국하는 일정이 있었다. 출국을 위해 지하철로 샤를드골 공항으로 가는데, 의도치 않게 요금이 부족하다는 신호가 떴다. 독일에서 뺨 맞고 프랑스에서 복수한다는 생각에 개찰구를 그냥 훌쩍 뛰어넘는 것으로 유치찬란한 앙갚음 의식을 거행했다.

귀국하는 비행기 안, 그 당시 막 기내에서 라면을 제공한다던 기사가 세간의 관심을 모으던 시기라, 그 귀한 라면을 먹어보기로 했다. 일반석이라면 개인이 휴대한 컵라면에 뜨거운 물을 제공했는데, 여기는 비즈니스 석이 아닌가.

마침 동료가 곤히 잠든 틈을 이용해서 정말 공손한 목소리로 라면을 주문했다. 지금 생각에 원형이 아닌 사각형의 용기로 기억하는바, 아마도 '팔도 도시락' 그런 게 아니었나 싶다. 어쨌든 아무리 비즈니스 석이라고 하더라도 둘 다 주문한다는 게 여간 미안한 일이 아니라고 생각되어 동료가 깰세라 정말 조심조심하며 먹었던 기억이 새롭다. 결국은 깨워서 같이 먹지 그걸 혼자만 먹었느냐고 동료에게 평생 욕을 먹고 있다. 그땐 그랬다. 모든 것이 그랬다.

3부 지리산 블루스

잠자는데 깨워서 수면제 먹으라고?

인천공항에서 2시 20분 출발 예정이었지만 30분쯤 지연되어 3시 좀 못 미쳐 출발했다. 과문한 탓이겠지만 정시에 출발하는 비행기 탔다는 사람 거의 보지 못했다. 활주로 교통체증 때문이라니까 할 말은 없지만 말이다.

4시쯤 되어서 기내식을 주는데, 곰곰 생각해 보니 이게 일정표에서 공식적인 점심식사로 표시되어 있던 거였다. 약간의 지체와 시간(시장기)과 상관없는 식사 제공, 그렇지만 전혀 불만이 없다. 주는 대로 먹고 하라는 대로 한다는 패키지여행의 진정한 미덕을 다시 한 번 되새길 뿐이다!

일본 최북단에 위치한 홋카이도北海道라서 한국에서 일본으로 가는 비행편 가운데 가장 긴 코스다. 거의 2시간 50분이 소요된다고 한다. 아무리 그렇더라도 시간이 지나치게 많이 걸린다고 했더니, 위도상 북한과 겹치기 때문에 영공 통과가 어려워 항로를 돌아가느라 시간이 더 걸린다는 설명이다.

그래도 몇 번 비행기 타봤다고 제법 여유 있게 위스키에 콜라 타서 한 잔 마셨다. 시집 몇 줄 읽다가 잠이 막 들려는 순간 집사람이 안대하고 편히 자라고 흔든다. 어렵사리 잠들려고 하는데 깨워서 수면제 먹고 자라는 코미디가 생각난다.

말 나온 김에 한 마디하고 넘어가야겠다. 최근 들어 집사람과 의견이 일치하는 게 정말이지 하나도 없다. 오죽하면 집사람에게 강의 다니면서 흘려들은 황혼이혼이라는 말의 연원에 대해 설명까지 해줬다. 이혼은 보통명사요 졸혼이란 신조어까지 나온 세상이지만, 황혼이혼이란 용어는 엄연히 교과서에 나오는 말이다.

말인즉슨 바로 갱년기 장애의 문제, 평생을 해로한 부부가 아내의 갱년기에 벌어지는 상상도 못할 변화 앞에 그만 정신줄을 놓아버린다는 것이다.

잘 아시겠지만 이런 내용이다. 카톡방을 통해 학습 받은 중년의 지혜를 떠올리며 어느 날 작심하고 아내에게 예쁘다고 했더니, 세수도 안했는데 야지 놓는 거냐고 짜증부터 낸다. 이번에는 TV 리모컨만 들고 놀다가 문득 아내 얼굴을 보니 꾀죄죄하기 그지없어 '아무리 그래도 세수나 좀 해라' 했더니 며칠 만에 모처럼 때 빼고 광냈는데 괜한 트집 잡는다고 폭발한다.

이래도 짜증 저래도 짜증, 창문을 열었다 닫았다 5분 전에 춥다고 했다가 바로 더워 미치겠다고 부채를 부쳐대고 원, 나야말로 미치고 팔짝 뛸 일이 시도 때도 없이 벌어지는 것이다.

이해고 오해고 없다. 자기가 원하는 답을 향해 그냥 돌진, 좌고우면이고 뭐고 없이 정면충돌해서야 멈춘다. 평생 시아버지 담배 피우는 모습 보면서 출장 갔다 오며 담배를 보루로 사다 바친 시절이 있었다. 새삼 새벽 3시경 기상 첫 담배 피우시는 걸 냄새 때문에 견딜 수가 없다고 짜증내는 것은 도대체 무슨 일이냐 말이다.

세상 사람들이여, 중년 여성들의 몸에 흐르는 남성 호르몬의 위세를 절대 가볍게 보지 말지어다.

아이누 족의 땅, 홋카이도

눈 덮인 신치토세 공항에 도착했다. 국내와 달리 3월인데 아직 눈이 남아 있다는 것만 가지고도 여행 기분 내기에 부족함이 없다. 전형적인 깃발 여행단의 포스를 발산하며 공항 로비로 집결했다. 제법 큰 규모의 중국 팀은 역시 그만큼 시끄러워 정신을 산란케 하더니 그 팀이 빠지자 여유가 생겼다.

가이드 말로는 홋카이도는 원래 눈 구경하러 오는 곳으로 알려져 있다고 한다. 실제 1, 2월은 눈이 너무 많이 와서 오히려 불편한 점이 많고, 이번처럼 3월 정도가 적당하다는 것이다. 상상 이상으로 눈 폭탄 속에 파묻혀 사는 사정을 감안하면, 단순히 입에 발린 덕담만은 아닐 것이다.

3월이라지만 한국과 달리 여전히 예고 없이 눈이 많이 오는 곳이니, 그 정취를 기대해도 좋다고 한다. 당연한 이야기이겠지만, 비단 이런 날씨 탓이 아니더라도 안전상 가이드가 버스 통로에 서서 안내를 하지 못하게 되어 있다는 말에 새삼 서울을 떠나왔구나 하는 자각이 들었다.

홋카이도는 일본 전체 육지 면적의 21%를 차지하는 큰 섬이다. 남한 크기의 80% 정도에 해당한다고 하니, 결코 작지 않은 섬이다. 참으로 모를 것이 우리는 늘 왜 일본을 조그만 섬나라라고 생각하고 있을까?

현청이 있는 삿포로札幌를 중심으로 주로 섬의 남서쪽이 개발되어 있다고 한다. 그 넓은 땅의 인구가 550만 명이라니 우리의 현실과 더욱 대비가 되었다. 삿포로에 200만 명 정도가 몰려 있다고 한다.

홋카이도는 원주민인 아이누 족이 평화롭게 잘 살고 있던 땅이다. 본섬에서의 투쟁에서 패퇴한 일군의 집단이 도망쳐 들어와 원주민을 몰아내고 지배하게 되었다. 으레 그렇듯이 이곳에도 어김없이 슬픈 역사가 도사리고 있었다.

일본 본토인 혼슈와 연결하는 쓰가루 해협을 관통하는 세이칸 터널이 완공되어 기차가 다닌다. 나중에 보니 삿포로 시내 곳곳에 '이번에는 신칸센을!' 하는 식의 플래카드가 걸려 있다. 여기서도 지역 개발에 대한 실랑이가 벌어지고 있구나 하는 생각을 일깨워주었다.

자연을 훼손하지 않는 것이 유일한 원칙

신치토세 공항에서 삿포로 시내까지는 버스로 1시간가량 걸렸다. 쌓인 눈 구경하고 가느라고 전혀 지루할 틈이 없었다. 가이드에게서 가장 많이 들은 말은 홋카이도는 천혜의 자연을 간직한 곳으로 여간해서는 개발이라는 미명 하에 자연을 훼손하지 않는 것이 체질화되어 있다는 것이다.

보석 같은 땅, 자연이 그대로 남아 있는 탓에 물과 공기가 맑다. 특히 천년설이 녹아 물맛이 일품이고, 그를 바탕으로 술맛이 가장 뛰어난 곳이라는 설명이 이어진다. 농경지가 많고 미개발지에는 말을 방목해 키운다. 무공해 산업인 낙농을 중시하여 아이스크림이며 유제품이 지역의 특산품이다. 한편 섬이라는 특성상 인접한 오호츠크 해에서 잡은 대게 요리가 일품이다.

뭐, 길게 설명할 것 없이 무한정 내리는 눈 하나만으로도 관광객의 눈길을 끄는 데 부족함이 없었다. 거기에 더해 훼손되지 않은 청정 자연과 오염되지 않은 물과 공기, 천년설 녹은 물로 만든 맥주와 자연이 키운 치즈… 가만히 있어도 관광객들이 몰려올 것 같은 느낌이 저절로 든다.

몇 번을 이야기해도 그 출발점은 자연이다. 자연을 손대지 않고, 개발하지 않고, 훼손하지 않는 것이 자산이자 경쟁력이라는 혜안을 홋카이도 사람들은 가지고 있었다. 자연이 가져다준 선물 같은 땅이라는 자부심이 곳곳에서 묻어났다.

비행기에서 내려다보면 삿포로는 철저한 계획도시로 네모 반듯한 구역으로 개발되었음을 알 수 있다. 시내 진입하는 길에 규모가 작은 고가도로 형태의 구조물에 눈길이 갔다. 개발을 최소화한다는 기본 정신을 읽을 수 있었다. 시간이 지나면서 애초 개발된 좁은 도로가 제 역할을 못하게 되자, 도로를 넓히기보다 고가도로 개념을 도입하여 위쪽으로 공간을 창출하는 지혜를 발휘했다는 것이다. 지진을 우려하여 지나치게 높일 수는 없었다고 한다.

삿포로 도심을 지나면서 보니 홋카이도에서 가장 번화한 지역임에도 불구하고 너무 조용했다. 하루 일과가 끝나면 바로 귀가하는 풍조가 워낙 강한 탓이다. 한잔 하며 돈 좀 쓰라고 인위적으로 조성한 거리 스즈키노薄野에서나 밤늦게까지 한잔 할 수 있다고 한다. 우리가 들어간 시간이 저녁 7시였는데, 이미 불 켜진 상점을 찾아볼 수 없을 정도로 조용하다. 유럽 지역도 대부분 그랬지만, 밤새 불야성인 서울과 비교해 보니 그 한적함이 혼란스러울 정도다.

삿포로 주변에는 유명한 온천이 많다. 그래서 굳이 시내까지 온천을 끌어들일 이유가 없다고 인식해 필요 이상의 개발을 자제하고 있다고 한다. 이런 작은 모습들이 바로 공생의 움직임 아닌가 싶다. 대신 시내에는 100여 년 전부터 다니던 영국식 트

램이 아직도 다니고 있다. 조용히 관광객의 구미를 맞추고 있는 것이다.

초밥은 주는 만큼, 대게는 무한 리필

여행 일정표에 표제어로 당당하게 자리 잡고 있는 대게 무한 리필의 꿈을 안고 들어간 관광객 상대의 식당. 리필이 안 되는 초밥은 1인당 딱 3피스씩만 제공되고, 게와 소고기 샤브샤브는 무한정 제공된다는 설명이다.

반주로 맥주를 한 잔 하려고 했더니 설명이 재미있다. 홋카이도는 물이 워낙 좋아 삿포로 맥주뿐만 아니라 기린이나 아사히 맥주 공장도 다 있다. 그런데 여기서 만든 맥주는 철저하게 이 지역에서만 소비된다고 한다. 같은 브랜드라도 다른 지역과는 품질이 다르다는 프라이드가 깊게 배어 있었다. 당연히 물은 그냥 수돗물을 마시게끔 되어 있어서, 호텔방에는 환영음료 welcome drink로 주는 생수 한 병 놓여 있지 않았다.

주는 대로 먹는다는 원칙에서 보면 뭐 크게 불편한 일은 없으나, 무한 리필 대게의 정체는 바로 러시아 산 냉동 대게라는 점만 알아두면 된다. 본전 뽑을 생각으로 열심히 도전해 보지만 그다지 먹잘 것 없는 빈약한 몸통 몇 번 깨물다 대충 그만

먹게 된다. 그래도 좋다. 나머지 음식이 그런 대로 나쁘지 않아 맥주 한 잔으로 기분 푸는 데 부족함이 없다.

아니지, 실은 대게의 명성에 가려져 있던 소고기 샤브샤브가 기대 이상의 맛을 보여주었다. 그 비싸다는 와규 정도는 아닐 테지만, 청정지역에서 키우는 소가 지천인데 굳이 수입산을 쓸 리 없으리라는 순진한 생각이 어리석지 않을 만큼 신선한 맛이었다.

일행 가운데 여행깨나 다녀보고 식도락에 일가견이 있어 보이는 중년 부부는 이미 정체를 파악하고 온 듯, 대게는 처음부터 아예 정중히 사절하고 소고기만 예닐곱 판을 시켰다. 고수의 품격이 느껴졌다.

저녁을 먹고 나니 이미 시간이 많이 지나 첫날 일정은 그것으로 마무리되었다. 우리가 묵을 호텔은 나카지마 공원 역에서 걸어서 3분 정도 걸리는 프리미어 호텔 나카지마공원 삿포로라는 긴 이름의 호텔이었다.

간단히 여장을 풀고 주변을 둘러볼 겸 잠시 산보 나갔다가 이쪽 지역의 대세라는 SEICO라는 편의점에 들렀다. 진열장에 도열해 있는 셀 수 없을 정도로 많은 브랜드 가운데 캔맥주 몇 개를 고심해서 골랐다. 치킨 서너 조각과 감자깡을 안주 삼아 첫날 밤을 짧게 마무리했다.

'소년들이여, 큰 꿈을 꾸어라!'

2일차, 눈이 마주친 가이드의 첫 인사가 근래 들어 가장 좋은 날씨란다. 제법 차가운 날씨에 바람도 약간 분다. 1~3월 중 눈이 가장 적게 오는 시기라고는 하나, 도심 곳곳에는 적지 않은 눈이 쌓여 있다.

조식 후 계획도시답게 잘 정비된 삿포로 시내 관광에 나섰다. 가장 먼저 마주한 것은 홋카이도 시계탑이었다. 스치듯 지나가면서 가이드의 설명을 들었다.

시계탑은 지금의 홋카이도 대학의 전신인 삿포로 농업학교의 연무장으로 건립되어 군사훈련을 받던 곳에 세워진 것이다. 120년 동안 그때 그 모습 그대로를 유지하며 특별히 리뉴얼 안 하고도 한 치의 오차 없이 시간이 잘 맞는다고 한다.

삿포로 농업학교는 홋카이도의 천혜의 자연을 활용하기 위한 농과대학을 키우려는 목적으로 1876년 설립되었다. 삿포로 농업학교를 설립할 때 미국인 클라크William S. Clark 박사가 초빙되어 부학장으로 부임했다.

학생들에게 서구식 사고와 생활습관을 길러주는 소임을 맡아 8개월 정도 삿포로에 머물렀다. 그가 이임할 때 학생들에게 한 말이 영어 울렁증이 있는 사람들의 뇌리에도 깊이 박혀 있는 'Boys, be ambitious!'라는 말이다. 돈과 권력을 좇지 말고 사회 구성원으로서 꿈을 꾸라는 의미다. 우리나라 사람들도 이 말을 모르는 사람은 별반 없을 것이다.

도로를 달리다 보면 우리와 달리 신호등이 세로로 되어 있는 게 이채롭다. 눈이 많이 오는 지역의 특성상 빨간색이 잘 보이도록 하다 보니 그리 되었다고 한다. 빨간색과 관련해서 한 마디 덧붙이자면 홋카이도의 상징은 빨간 별이다. 북극에 가깝다는 지리적 특성을 감안하고 또 섬 자체가 별 모양이라서이다.

붉은 벽돌집 = 100년 이상

1800년대에 건립되었다고 하는 빨간 벽돌로 지은 홋카이도 구청사를 방문했다. 신청사와 함께 지금도 일부가 청사로 사용되고 있다. 거의 삿포로의 상징처럼 되어 있는 곳이다. 당시 미국 매사추세츠 주 의회 의사당을 본떠 지었다고 한다.

출입구가 여기저기 나 있는데, 하나같이 주출입구 같은 느낌을 준다. 방문하는 모든 사람들을 환영하는 의미가 담겨 있다. 지사 집무실과 홋카이도의 역사를 보여주는 문서관 등을 개방해 놓았다. 특히 소련과 영토 분쟁중인 북방 영토와 관련해서는 팸플릿이며 시청각 자료 등을 다양하게 비치해 놓고 적극적으로 관람하기를 권유하고 있었다.

일본에서 만나는 전형적인 붉은 벽돌赤煉瓦 건물은 대체로 100년 이상 된 건물이다. 거의 예외 없이 입장료를 받는 것이 상식이다. 그런데 북방영토관만은 무료로 개방해 놓았다. 관광객을 상대로 무심한 듯 고도의 심리전을 펴는 모습으로 비쳤다. 입구의 발판조차 분쟁 대상인 섬들을 지도로 만든 것이었다. 얼마나 치밀한지 알 수 있는 한 단면이었다.

북방 영토 문제란 쿠릴 열도 남부의 4개 섬에 대한 러시아와 일본 사이의 영토 분쟁을 가리킨다. 2차 세계대전 이후 소비에트 연방의 영토가 되어 현재는 러시아 땅이지만 일본이 반환을 요구하고 있다.

둘러보는 도중에 일부 통제구역이 눈에 띄었다. 옛 회의실을 지금도 사용한다는 무언의 표시였다. 가이드 말로는 10년 이상 다녔지만 한 번도 사람이 나오는 것을 본 적이 없다고 한다. 아마도 잘 보존하여 아직도 쓸 수 있다는 것을 과시하는 일종의 장치가 아닌가 생각되었다.

밖으로 나와서 보니 엄청나게 눈이 쌓여 있는 정원의 나무를 사방에서 새끼줄로 당겨 묶어놓았다. 가지가 부러지지 않고 눈 무게를 견디도록 새끼줄로 지탱하는 방식이다. 눈이 많이 오는 지역다운 생활의 지혜가 아닌가 싶다.

사시사철 축제의 장

삿포로 도심의 중심부에 자리 잡고 있는 오도리 공원은 홋카이도에서 가장 넓은 공원으로 시민들의 휴식공간으로 사랑받고 있다. 화재나 지진이 일어났을 때 도피가 용이하도록 도심 중앙에 만들어놓은 철저하게 계획된 공원이다. 서울의 광화문광장 같은 상징성을 띤 곳이라고 해도 무방하겠다.

공원의 한쪽 끝에는 90m 높이의 전망대를 품은 TV타워가 서 있다. TV타워 아래서 반대쪽을 바라보니 끝이 보이지도 않는다. 공원의 길이가 동서로 1.5km에 달한다고 하니 그럴 만도 하다. 시기적으로 여유 있게 둘러볼 때가 아닌 게 아쉬웠다. 군데군데 눈이 녹아 질척거리는 곳을 피해 두세 블록 걷다가 불편해서 그냥 돌아왔다.

막대한 비용을 들인 공원답게 사철 축제의 장으로 활용된다. 2월에는 세계적으로 유명한 눈 축제(유끼마쓰리)가 열린다. 5월에는 라일락 축제, 7월에는 여름(맥주) 축제, 가을에는 먹거리 축제가 이어진다.

얼마 전에 끝난 눈 축제 기간 동안에는 아마추어 조각가들이 제작한 수백 개의 눈과 얼음 조각이 전시되어 사람들의 발걸음을 붙들었다고 한다. 지금은 철거되고 녹아가는 눈더미만 남아 있어 무척 아쉬웠다.

눈이 오는 계절과 그렇지 않은 계절의 모습은 천지차이다. 사계절 다양한 축제를 개최하는 것은 홋카이도를 한 번 다녀가서는 안 되고 다양한 계절의 맛을 보러 또 오게끔 하려는 의도가 짙게 깔려 있다.

우리나라 관계자들도 수백 번 벤치마킹한다고 다녀갔을 텐데 왜 보고서만 쓰고 끝인지 모르겠다. 축제 속에 담긴 정신을 배워오라고, 철학을 느끼고 오라고 보냈을 텐데, 마음속에 새겨두고만 있는 듯하다. 여전히 동네마다 고만고만하고 비슷비슷한 축제들이 제 살 깎아먹듯 반복되고 있으니 하는 말이다.

공동체 안에서 튀면 안 된다

삿포로의 대형 쇼핑몰인 삿포로 팩토리로 이동했다. 이동하는 중에 가이드가 사람 마음은 똑같다는 이야기를 한다. 기후와 풍토가 너무 다르기 때문에 오키나와 주민들은 홋카이도를 그리워하고, 반대로 홋카이도 주민들은 오키나와를 그리워하는 게 보편적인 정서라는 것이다. 상대 지역에 한 번도 가본 적이 없는 일본 사람도 많다고 한다.

우리는 일본인들이 굉장히 자유분방하다고 오해할 수도 있다. 그 이면에 대해 가이드가 자신의 견해를 들려주었다. 일본

회사원들은 소위 드레스 코드가 엄격하여 근무시에는 철저하게 정장을 원칙으로 한단다. 공동체(조직) 안에서는 절대로 튀면 안 된다는 불문율이 있기 때문에, 거의 예외 없이 천편일률적인 모습을 보인다. 그러나 직장을 벗어나면 그야말로 개인의 세계라서 무슨 모습을 보이건, 어떤 파격이건 문제가 되지 않는다고 한다.

일본은 수출로 먹고 사는 나라다. 하지만 내수를 굉장히 중요시한다. 그래서 정말 다양한 상품의 개발이 이루어지고 있는데, 일본 편의점에 가보면 대충 짐작할 수 있다.

물만 하더라도 보통 물뿐 아니라 이것저것을 가미한 물의 종류가 상상할 수 없을 정도로 많았다. 유산균이 가미된 물도 있다니 이거야말로 우리나라에도 곧 들어오지 않겠나 싶었다.

커피숍은 약속이 있을 때만 만남의 장소로 이용하기 때문에 우리나라와 달리 눈에 잘 띄지 않는다. 평상시는 편의점 같은 곳에서 테이크아웃하는 게 보편적이다.

시골 젊은이들이 도시로 떠나는 것은 일본도 마찬가지인데, 그 같은 흐름을 막을 수 없는 것이 현실이다. 그래서 무리가 되지 않는 범위 내에서 노인 인력을 최대한 활용하는 정책을 우선시한다고 한다. 직장에서 은퇴하면 할 수 있는 일이 거의 없어 너도나도 자영업으로 내몰리는 일을 막겠다는 의지가 배경에 깔려 있다.

한 집 건너 커피숍이고 두 집 건너 식당인 우리나라와 극명하게 대조가 된다. 기존의 질서가 유지되도록, 충분하지는 않지만 자존감을 지켜가면서 먹고 살게끔 배려하는 정신이 가슴 저리도록 부러웠다.

삿포로 팩토리는 원래 맥주공장 부지였으나 지금은 대형 쇼핑몰로 탈바꿈했다. 오래 되어 세월의 때는 끼었으나 으레 그렇듯 관리를 잘해서 몹시 깔끔하다. 눈이 많이 오는 지역의 특성상 야외보다 실내 시설을 많이 이용할 목적으로 4개의 건물이 통로로 이어져 있다. 각 건물은 각기 다른 테마로 구성되어 있다.

단체로 점심을 먹지 않고 1인당 500엔의 상품권과 쇼핑몰 지도를 주었다. 2시간의 자유시간 동안 점심을 겸해 쇼핑몰을 둘러볼 수 있었다. 우리나라 어딘가의 재래시장에서 그곳에서 사용할 수 있는 상평통보 같은 지역화폐를 발행해 마케팅에 활용한다는 기사를 본 기억이 떠올랐다. 특히 외국 관광객들의 흥미를 유발해 오래 머물게 하고 결국 쇼핑으로 이어지게 하는 전략일 것이다.

이곳 홋카이도에서만 판매한다는 그 유명한 로이스 초콜릿을 사야 한다는 집사람의 공세를 가까스로 막아냈다. 마스크 팩과 마유 크림과 계피 냄새 확 풍기는 위장약 오타위산을 샀다. 약간 퓨전스런 식당에서 세트 메뉴와 생맥주 2잔으로 점심을 해결했다. 후식으로 앙꼬 찐빵과 아이스크림과 커피를 마셨더니, 배보다 배꼽이 더 컸다. 돈 쓰게 하는 상술이 뭐 거창할 필요는 없다는 생각이 들었다.

도로 이탈방지 화살표

이번에는 시코츠 호수로 이동한다. 이동하는 도중 특이한 도로 표지판이 눈에 띈다. 눈이 많이 쌓이면 도로 경계선이 제대로 보이지 않을 터였다. 도로 바깥으로 차량이 이탈할 위험성이 있는 것이다. 이를 방지하기 위해 도로 양 옆의 경계를 알 수 있도록 아래로 향한 화살표 표지판을 설치해 놓았다. 화살표 아래 지점까지가 도로라는 표지인 셈이다. 진행 방향은 빨간색, 반대 차선은 노란색으로 구분해 놓았는데, 역시 눈이 많이 오는 지역의 특성상 꼭 필요한 설비가 아닌가 생각되었다.

덕담 삼아 눈길 운전 잘한다고 기사를 칭찬했더니, 일본 타이어의 성능이 최고라는 답이 돌아왔다. 약간 동문서답이지만 철저한 프로 정신의 한 단면을 보는 느낌이었다.

아이누 족 언어로 '움푹 파인 웅덩이'라는 뜻의 시코츠 호는 화산 활동으로 생긴 칼데라 호로는 일본에서 세 번째, 다른 종류의 호수를 포함하면 8번째 크기라고 한다. 둘레가 무려 40km에 이른다. 맑고 투명한 호수 주위를 산책하며 평화로운

162

3부 지리산 블루스

자연경관을 느낄 수 있는 곳이다.

평소에는 청정 자연에서 재배하는 가리비, 옥수수, 감자 등을 구워 판다고 한다. 얼음 축제가 끝난 흔적만 남아 있고 가게들도 문을 연 곳이 많지 않아, 추운 날씨와 더불어 약간 을씨년스러운 분위기가 풍겼다.

자작자작 타서 자작나무

여러 번 반복되는 말이지만 이 지역은 자연보존을 절대 기치로 나무를 함부로 베는 일은 철저하게 금지되어 있다. 필요한 나무는 전량을 대만에서 수입한다고 한다.

버스를 타고 달리다 보면 자작나무류가 눈에 띄게 많은 것이 특징이다. 기후가 비슷한 유럽에서 여러 나무 종류를 들여와 잘 자라는 것을 선별해 낸 결과가 자작나무였다고 한다. 우리말로 하자면 자작자작하고 타서 자작나무라는 설명이 덧붙여진다.

앞으로 곧 인공지능의 시대가 도래할 것을 일본 사람들은 주목하고 있다. 사람의 일이 줄어들 수밖에 없다는 것도 인정하지 않을 수 없을 터. 한참 세월이 흐른 후 최악의 경우 이 땅의 젊은이들이 나무만 베어도 70년은 먹고 살게끔 하는 깊은 배려를 바탕으로 삼림이 조성되었다는 것이다.

그러니 나무에서 만들어지는 종이류에 대한 절약 정신이 곳곳에 배어 있음을 실감한다. 대표적인 게 화장실의 화장지가 얇고 거친 것이다. 식당에는 냅킨이 비치되어 있지 않고 찾아야 준다. 안 보이면 안 쓰게 된다는 지론이라고 한다. 환경보호의 살아 있는 현장을 보고 있는 것이다.

알다시피 일본 자동차는 오른쪽에 운전석이 있고 왼쪽으로 탄다. 뭐 원래 그러려니 하고 생각했는데, 옛날 오른쪽에 칼을 찬 사무라이끼리 길에서 만나 지나칠 때 서로 칼이 맞부딪치지 않게 배려한 결과의 산물이라는 해석이 흥미로웠다.

일본사람들은 질서를 잘 지키고 새치기 같은 게 절대 없다는 식의 설명을 귀가 아프게 들었다. 역설적으로 매뉴얼화된 사회 분위기가 지배적인 결과로, 한편으로는 융통성이 없다는 말과 상통한다는 것이다.

어느 해인가 규슈에 폭설이 내렸는데, 주민들이 마치 주차장에 주차하듯 도로 양옆에 질서정연하게 차를 대고는 귀가했다는 설명이 마냥 한가한 소리로만 들리지 않았다.

온천탕에 수건은 없다

세키스이테이라고 하는 대형 온천 호텔에서 하룻밤을 보내게 되었다. 홋카이도 3대 온천 중 하나인 노보리베츠_{登別} 온천 휴양지에 위치한 료칸 스타일의 대형 온천이다. 하지만 삐까번쩍한 시설 같은 것은 없다고 한다. 오직 수질을 중요시해 물 관리에만 신경을 집중할 뿐. 프로다운 자세에 다시 한 번 감탄했다.

저녁 먹기 전에 동네를 둘러보기로 했다. 5분을 걸어도, 10분을 걸어도 주변에 온천탕 외에는 아무 것도 없었다. 세상에나, 그 흔한 편의점조차 눈에 띄지 않았다. 여기 왔으면 딴짓하지 말고 오로지 온천욕에 집중하라는 의미로 읽혔다.

가까스로 커피숍을 하나 찾았다. 밥 먹고 들르겠다니까 7시 반이면 문을 닫는다고 한다. 오기가 생겨 눈 쌓인 도로를 뚫고 한참을 나아가니, 마침내 우리 식의 작은 동네 슈퍼가 나타났다. 라면 몇 봉지와 과자류, 통조림, 담배, 그리고 소주 몇 병이 주인 행세하는 딱 그런 분위기의 가게였다.

그 (구멍)가게에서 가장 비싼 일본 술을 호기롭게 골라 들었다. 짧은 일본말로 집사람이 술을 좋아한다고 했더니 나이 칠순을 넘긴 듯한 주인 할머니의 주름진 얼굴이 환하게 피어올랐다. 가리비 조개 말린 것과 튀긴 작은 게 스낵류를 사서 저녁식사 후 우리만의 파티를 즐겼다.

온천을 이용하는 매너의 기본은 탕에 들어가기 전에 몸을 씻는 것은 물론 탕 속에 머리를 함부로 담그지 않는다. 탕 속에 오래 있기보다는 짧게 여러 번 하는 것이 더 좋다고 한다. 10분 정도 들어가 있다가 나와서 머리 감고 2,3회 탕 속에 들어가기를 반복하는 방식이다.

수건이 별도로 비치되어 있지 않으므로 반드시 객실 수건을 챙겨가지 않으면 낭패를 본다. 수건을 물에 담가서는 안 되며 접어서 머리 위에 얹어놓는 것이 상식이다. 온천에 갈 때는 다 벗고 유카타浴衣만 입고 간다고 한다. 유카타는 오른쪽을 안쪽에 넣고 왼쪽을 위로 해서 입는다. 아무 생각 없이 반대로 하면 수의를 입은 꼴이 된다고 하니 반드시 알아두어야 할 것이다.

온천을 나타내는 표시를 스프나 라면 국물을 본떠 만들었다는 우스갯소리를 들은 적이 있다. 그러나 온천 픽토그램(♨)은 일본 벳푸 지역에서 처음 만들어졌는데, 온천은 세 번 들어가는 게 좋다는 의미로 온천탕에서 나오는 김을 세 가닥 표시한 것이라고 한다.

식사 전에 하는 첫 번째 입욕은 몸의 피로를 풀어주고, 식사 후의 두 번째 입욕은 묵은 때를 빠져나가게 해주며, 다음날 아침에 세 번째로 탕 속에 들어가면 머릿속이 개운하게 비워진다는 의미란다. 네 번 온천을 하게 되면 진이 빠지므로 딱 세 번만

들어가라는 이야기다. 말이 되는 소리다. 스토리텔링이란 게 결국 꾸며낸 이야기가 아니라 살아가는 이야기 아닌가.

온천 호텔 내에서는 유카타만 입고 활보해도 아무런 문제가 없으나, 일반 호텔에서는 당연히 예의에 어긋난다. 수건은 자기가 썼던 것을 말려 다음 번 입욕시 다시 써야 한다. 숙박에서 퇴실까지 1인당 한 장의 수건만 준다. 철저하게 환경을 생각한 행동이다.

관광객 주머니를 터는 방식

3일째 아침이 밝았다. 식사를 마치고 노보리베츠(아이누 족 언어로 '깊고 짙은 강'이라는 의미)의 상징인 지옥계곡을 찾았다. 입구에서 이 지역 마스코트인 대형 도깨비 캐릭터가 손님을 맞고 있었다. 유황 냄새가 진동하고 김이 자욱한 것이 인상적이었다.

지옥계곡이라는 이름은 처음 이곳을 발견한 스님이 부글부글 끓는 유황온천을 보고 '지옥이 이렇게 생기지 않았겠나'라고 생각하여 붙였다고 한다. 목욕 개념이 아직 도입되지 않았던 시절의 이야기다. 넓은 화산지대에서 밤낮 가리지 않고 쉴 새 없이 뿜어져 나오는 희뿌연 수증기 덩어리를 보면 누구나 그런 상상에 빠져들 것이다. 눈발이 간간이 날리는 날씨라 깊숙한 곳까지는 가보지 못했다.

홋카이도 식 변덕스런 날씨가 이어진다. 햇빛이 나는데 눈발이 날린다. 이어서 들른 곳은 일본식 목조 건물과 테마관을 중심으로 에도 시대 거리를 재현해 놓은 노보리베츠 지다이무라라는 우리 식의 민속촌이었다.

그 시절의 주거 시설은 목조 건물이 중심이어서 가장 인기 좋은 직업이 목수였다고 한다. 다음은 불을 끄는 소방수였다. 그래서인지 경내에 오늘날의 소방 타워 같은 목조 시설이 눈에 띄었다.

문 앞에서 맞아주는 게이샤 복장의 여성과 눈을 맞춘다. 쫓길 일 없이 설렁설렁 이곳저곳을 둘러보다가 지정된 시간에 닌자 쇼와 오이란(게이샤) 쇼를 관람했다.

〈황금전설〉이라는 제목의 닌자 활극은 시종일관 유쾌한 분위기로 진행되었다. 중간 중간 관객과 소통하며 극을 이끌어 가는 배우들의 모습이 인상적이었다.

'오이란'花魁이란 에도시대 유곽에 있던 미모와 기예가 출중한 게이샤를 지칭하는데, 시대극을 표방하면서도 철저히 관광객의 입맛에 맞춘 스토리텔링으로 진행되었다.

한글로 된 스토리 팸플릿을 미리 나눠주기 때문에 일본어를 모르더라도 이해하는 데 지장이 없다. 특이한 것은 공연 때마다 관람객 중에서 자원자를 뽑아 주인공으로 등장시키는 점

168

이었다. 우리가 관람한 차례에는 훤칠하게 잘 생긴 한국 청년이 뽑혀 대부분 한국인으로 구성된 관람객의 큰 박수 세례를 받았다.

입장할 때 신발 담는 비닐봉지와 작은 종이를 주는데, 껌을 뱉으라는 게 아니고 공연이 끝나면 잘 봤다는 의미로 동전을 싸서 무대로 던지게 한다. 과자나 사탕도 좋다는 설명이 이어진다.

자연스러우면서도 재미있게 호주머니를 터는 방식이다. 거의 절대 다수를 차지한 한국 관광객들이 출연 배우들의 몇 마디 한국말 립 서비스에 기꺼이 잔돈을 던진다.

어느 해인가 마카오에 갔을 때 베네치아 호텔에서의 에피소드가 생각난다. 거리의 악사가 바이올린을 연주하다 기막히게 냄새를 맡고 한국인을 발견하면 즉각 애국가를 연주하기 시작한다. 그런 상황에서 동전 몇 개 안 던질 수가 없었던 기억이 새롭다.

관람을 마치고 나오니 점심때가 되었다. 입구에 관광객을 위한 대형 식당이 있는데, 이곳의 명물인 도리무시(닭찜) 우동을 제공했다. 국물과 국수로 이루어진 일반 우동과는 달리 나무로 만든 찜통에 닭고기와 우동, 각종 야채를 쪄서 특제 소스에 찍어먹는 일종의 담백한 웰빙 음식이라고 소개한다.

글쎄, 분위기에 비해 맛은 그리 인상적이지 않았다. 한국의 온갖 현란한 치킨 요리에 길들여진 입맛이 건강식을 우습게 아는 형국 아닌가 싶어 꾹 참고 고맙게 먹기로 했다. 역시 건강과 입맛은 반비례한다는 게 진리다.

우체국장의 집념

노보리베츠에서 차로 40분 남짓 이동해 일본에서 아홉 번째로 크다는 도야 호수를 유람선을 타고 잠시 둘러본다. 역시 화산 활동으로 생긴 분화구에 물이 차서 형성된 칼데라 호로 엄청 크고 물이 맑다.

제법 쌀쌀한 날씨 탓에 느긋하게 풍경을 감상하기는 어려웠다. 바람 쐬러 갑판으로 나갔더니 갈매기 떼가 달려든다. 호수에 갈매기라, 규모가 크기는 크구나. 워낙 커서 겨울에도 얼지 않는다는 설명이 뒤따른다.

이어 지금도 활동 중인 활화산 쇼와신잔昭和新山을 둘러본다. 산이 있는 자리는 원래는 평지였다. 1943년 화산 활동이 일어나 보리밭이었던 평지가 솟아올라 산이 형성되었다고 한다. 2000년에도 대규모 폭발이 있었다고 한다.

처음 화산이 분출하던 시기에 이 지역 우체국장이던 마사오라는 사람의 이야기가 전설처럼 전해진다. 전쟁의 와중이라 학자들은 아무도 화산에 관심을 기울이지 않았다. 이를 안타깝게 생각한 마사오 우체국장은 보고만 있을 수 없어 분화 내용을 관찰하고 꼼꼼히 기록했다.

그 후 산이 훼손되는 것을 염려하여 전 재산을 들여 채굴업자들에게서 산을 구입했다. 현재도 그의 후손들이 산을 관리한다고 한다. 측량하는 모습의 우체국장 동상이 아직도 산을 관찰하는 듯한 자세로 서 있다.

이 화산의 영향으로 일대에 온천이 형성되었다고 한다.

일본인들의 장수 비결

사진 몇 장 찍고 나오는 길에 고지대에 위치해 도야 호수를 한눈에 조망할 수 있는 사이로サイロ 전망대에 들렀다. 날씨가 좋다면 전망이 정말 괜찮을 것 같았다. 하지만 눈보라 치는 날씨 탓에 이동로마저 얼어붙어 사진 한 장 찍기가 만만치 않았다.

'하얀 연인'이라고 포장한 화이트 초콜릿이며 여기서 반드시 먹어봐야 한다는 요구르트 역시 한참을 줄서서 기다려야 하는 현실 앞에 과감히 포기하기로 했다.

이동하는 도중 가이드의 친절한 설명이 계속된다. 해외여행 시 꼭 권하고 싶은 것이 기분에 들떠 사진 찍는 데나 열중하지 말고 가이드의 설명을 신경 써서 들으라는 것이다. 프로 의식으로 무장한데다 연륜이 쌓이면서 형성된 다양한 지식이 학교 강단에서 배우는 것 이상으로 넓고 깊다.

흔히 일본인들이 장수한다고 알려져 있는데, 그 비결을 세 가지로 간결하게 정리해 주었다. 첫째는 나이 들수록 소식을 하고 낫또를 많이 먹는 것이다. 7월 10일이 '낫또의 날'로 지정되어 있는데, 우리가 습관적으로 김치 먹듯이 일본 사람들은 무심코 낫또를 평생 먹는다는 것이다. 둘째는 온천을 자주하는 것이다. 하루 일과를 마치고 몸을 담그는 작은 욕조도 온천이라는 해석에 무릎을 쳤다. 온천은 제대로 된 온천탕에서만 하는 게 아니라는 여유가 소박하지만 얼마나 아름다운가. 가정에 있는 욕조는 생각보다 작은데, 그 욕조에 물을 받아 한 20분이라도 몸을 담가야 몸과 마음의 휴양이 이루어진다고 믿는단다. 우리 식의 샤워만 하는 경우는 거의 없다고 한다. 세 번째는 물론 빠져서는 안 되는 운동이다.

덧붙여서 돈은 있다가도 없지만 건강과 젊음은 그렇지 않으며, 잃고 나면 반드시 후회하게 되니, 매 순간 지금이 가장 젊은 때라는 자각으로 살아가야 한다는 설명이 이어진다.

이어 작은 후지 산이라고 불리는 요테이 산을 감상할 수 있는 나카야마 고개 휴게소에 들러 이곳 특산인 튀긴 감자(아게이모)를 맛본다. 맛의 고향 홋카이도에서도 특히 맛이 좋기로 유명하다고 소개되어 있다. 먹어보니 둘이 먹다가 하나가 죽을 정도의 맛은 아니지만, 눈보라 속을 뚫고 온 춥고 배고픈 관광객들에게 특별한 맛일 것만은 틀림없다.

요테이 산은 찍어놓은 사진이나 그림을 보면 영락없이 후지 산을 빼닮았다. 하지만 이날은 눈에 덮여 그 형체마저도 전혀 분간할 수가 없었다. 돌이켜 생각해 보니 이곳으로 이동하는 짧지 않은 시간 내내 눈 덮인 산야를 원 없이 보고 또 보았으니 크게 밑지는 장사는 아닌 셈이다.

휴게소 밖은 너무 추워 나갈 엄두조차 낼 수 없었다. 시간이 남아 주변을 둘러보노라니 긴 회랑이 산림박물관으로 연결되어 있었다. 서두를 일도 없어 느긋한 마음으로 박물관으로 들어섰다. 공간의 이름과는 딴판으로 드넓은 갤러리에서 현대작가의 그림전이 열리고 있었다.

바깥은 온통 눈 천지요, 건물 안은 작품전이라. 끝 모를 정적 속 넉넉한 공간에서 작품을 감상하는 풍취가 나쁘지 않았다. 하지만 글쎄, 이 추위에 눈 속을 뚫고 누가 여기까지 와서 그림을 볼까?

3월에 내리는 눈

일과를 마무리하고 죠잔케이定山渓 그랜드 호텔에 여장을 풀었다. 홋카이도 3대 온천의 하나로 알려진 죠잔케이에 자리한 호텔이다.

이곳 온천에 들어가 보면 거뭇거뭇한 이물질 같은 것이 부유하고 있다. 처음에는 청소가 안 된 줄 알았다. 부유물은 망간 성분 때문이라고 한다. 말하자면 화산수를 그대로 쓰기 때문에 그렇다는 것으로, 수돗물 섞어 쓸 일 전혀 없으니 걱정 말라는 강력한 메시지인 셈이다.

백미는 뭐니 뭐니 해도 노천온천이다. 그야말로 3월에 눈 내리는 노천온천에서 시도 때도 없이 온천욕을 즐긴다. 차가운 바람이 온몸을 스치는데 뜨거운 물속에 몸을 담그고 있으니, 말로만 듣던 정취 이상의 묘한 상쾌감이 인다. 허기져서 지칠 정도로 온천욕을 하고 또 한다.

그 와중의 작은 에피소드 하나. 일행 가운데 형제들 간에 가족 여행을 온 그룹이 있었는데, 그중 한 사람이 부분 미용 문신을 하고 있었다. 나이든 청소하는 아주머니가 그걸 보더니 당장 불러 세워 삿대질을 섞어가며 목소리를 높였다.

일본어가 짧아 제대로 알아들을 수 없었지만, 입구에 써놓은 글 등을 참고해 유추하자면, 야쿠자는 들어오면 안 된다 뭐 그런 말이었던 것 같다.

다행히 애들과 같이 있는 정황을 보고 더 이상의 분란으로 번지지는 않았지만, 일본 아니면 볼 수 없는 풍경에 쓴웃음을 지었다.

　이 가족들 이야기는 좀 더 하고 넘어가야겠다. 사는 곳이 각기 다른 형제들 부부 네 쌍이 자녀들을 동반해 떠나온 여행이었다. 국내도 아닌 해외를 부부나 동창, 혹은 계 같은 특정 모임이 아닌 형제들이 동부인해 자녀들까지 모두 데리고 함께 여행하기는 쉬운 일은 아닐 것이다.

　그렇다고 경제적으로 전혀 문제가 없어 마실 가듯 쉽게 떠난 여행은 아닌 듯했다. 틀림없이 오랜 시간 공들이고 준비해서 작심하고 떠난 길일 터였다.

　부럽기도 하고 무엇보다 보기가 좋았다. 어른들은 그렇다 치고, 부지불식간에 통제가 안 되는 상황이 발생할 만한 고만고만한 연령대의 아이들이 나름대로의 질서를 유지하는 게 신기했다.

　사촌지간의 아이들끼리 틈만 나면 장난 치고 싸우고 하는 한편으로 서로 챙기고 보듬고 배려하는 것이었다.

　서열 1위의 제일 큰형은 카리스마와 권위를 내세워 자연스레 통치권을 행사했다. 반면에 서열 2위의 둘째 형은 화장실 가거나 무얼 먹거나 구경해야 하는 기회를 일부 포기할 수밖에 없었다. 늦게 오는 동생들을 챙기고 불만이나 요구사항을 해결해 주기 위해 동분서주하는 모습이 보는 사람으로 하여금 미소를 짓게 만들었다.

　가이드도 이들을 배려하여 가급적 쉽게 친절하게 한 가지라도 더 설명하려고 노력했다. 좋은 일이다.

여기서도 온천욕을 할 때 머리를 담그지 말라는 주의를 재차 받았다. 아마 한국 관광객들이 자주 실수하는 것을 염려한 모양이다. 마음에 들지 않든 익숙지 않든, 그게 이쪽 예의라니 따질 일은 아닌 듯하다.

엄청나게 큰 식당에서 뷔페 형식의 저녁을 먹었다. 차림이 없는 게 없을 정도로 다양하여 꽤 괜찮은 수준임에 틀림없다. 규모가 더 큰 단체에 밀려 구석자리로 배정되는 바람에 음식 가지러 오가기가 만만치 않았다는 점만 빼면 말이다.

그렇지만 역시나 따로 지갑을 열지 않으면 뭔가 약간 아쉬움은 남는 법. 특히 평소에 잘 접하지 못하던 새로운 종류의 맥주를 눈앞에 둘 때는 말이다. '에비스'라는 처음 본 브랜드의 맥주를 마셔본 집사람의 눈빛이 빛나는 것을 보고 오늘도 과외 지출을 감수하지 않으면 안 되겠다는 마음의 각오를 다졌다. 그렇지만 짜증낼 일은 아니었다. 왜냐하면 이런 것이 패키지 관광이니까.

관광지 그 이상도 이하도 아닌 오타루

4일째 아침 호텔 뷔페로 아침을 먹고 1시간 반 정도 눈길을 달려 마지막 코스인 오타루小樽로 향했다. 눈이 제법 쌓여 있는 길을 노련한 기사가 마치 평지처럼 거침없이 달린다.

이곳은 소형차도 무조건 스노타이어를 장착하지 않으면 안 된다. 물론 급경사지에는 열선을 깔아 위험을 방지하는 장치도 마련되어 있다고 한다. 달려가는 차창으로 아무리 뚫어져라 쳐다봐도 산도 바다도 눈에 가려 아무 것도 보이지 않는다.

오타루 운하를 먼저 둘러본다. 옛날 항구도시로서 교역의 중심지 역할을 할 당시에는 운하가 대형 선박으로부터 화물을 수송하는 교통로 역할을 톡톡히 했다고 한다.

운하를 따라 석탄 집하창고가 즐비했던 시절, 창고 건물은 견고한 석조로 축조되었다. 그런 탓에 세월의 흐름을 견딜 수 있었던 것이다. 지금 그 창고들은 상점이나 식당, 박물관 등으로 개조되었다. 관광상품화한 것이다.

창고와 수송, 연어잡이로 번성하던 도시가 1970년대 들어 쇠락의 길을 걷게 되자, 시민들은 자칫 매립될 위기에 처한 운하를 복원하는 방식을 택했다. 활기를 잃어가던 지역의 자산을 재활용하여 100% 관광지로 탈바꿈시킨 것으로 보면 되겠다.

밤에는 60여 개의 가스등에 불이 켜져 연인끼리 딱 손잡고 걷기 적당한 운치를 제공해 준다고 한다. 하지만 현실의 모습은 달랐다. 추운 날씨와 수많은 관광객들의 소음에 쫓겨 제대로 된 산책은 포기하고, 증명사진 한 장 찍는 것으로 만족해야 했다. 여행지마다 격에 어울리는 계절이 따로 있음을 절감한다.

어디서 많이 들어봤다 했더니, 우리에게 이와이 순지 감독의 〈러브레터〉로 알려진 곳이다. 눈밭에 누워 '오겡끼데스까'를 외치던 장면이 상징적이라고 들었는데, 극장에 가서 영화 보는 걸 낭비라고 여기는 부류라 내가 영화를 직접 봤을 리는 없다.

다만 그런 분위기를 상상만 하던 터에 직접 와서 보니 눈 덮인 설원이 영화 속 분위기를 자연스레 연상시킴을 인정하지 않을 이유가 없었다. 그렇지만 오타루 도심의 모습은 적어도 아니었다. 지난번 인도네시아 롬복 방문시 느꼈던 배신감을 살짝 되새기게 되었던 것이다. 누가 '오겡끼데스까'라고 물으면 미안하지만 내 답은 '안겡끼데스'다.

관광객으로 미어터지는 거리, 쌓여 있는 눈이 도로를 점령하고 있었다. 미처 치우지 못한 눈이 그대로 얼어붙어 있는 상태에서 유난히 날씨가 좋은 탓에 녹아내리기 시작하여 인도를 걷기에는 너무 질척거렸다. 사방을 둘러봐도 고즈넉함과는 거리가 먼 완전히 관광상품화한 분위기가 계속된다.

그것을 덮으려는 것인지 소위 과자 거리에 몰려 있는 상점들의 달달한 슈크림과 커피는 입맛을 현혹시키기에 충분했다. 먹는 데 몰두하느라 아무 말도 못하게 하려는 의도가 숨어 있지 않나 하고 실소를 지었다. 현란한 포장 속에 들어 있는 온갖 규격의 과자류가 관광지 특유의 들뜬 분위기에 편승해 여행객들의 지갑을 여는 데 성공한 것으로 보인다.

이곳 특산품으로는 기타이치 가라스 공방의 크리스털 제품이 유명하다(영어 glass를 일본에서는 가라스라고 표기한다). 거리 한쪽 끝에는 일본 최대 규모의 오르골 전문점이 있는데 그 종류만도 25,000종이나 된다고 한다. 엄청난 규모와 다양한 종류의 오르골에 잠시 눈길을 주지 않을 수 없었다.

그렇지만 세계 각국의 모든 오르골 종류를 다 모아 놓았다고 해도 그래서 어쩌라고? 바지 하나 새로 장만할 때가 되어도 전에 입던 것 가져가서 대충 맞춰오는 평소의 습성을 고려한다면 그런 혼잡 속에서 둘러보고 쇼핑한다는 것은 나의 일이 아니다.

언제 또 와보겠느냐고, 찬찬히 둘러보고 꼭 필요한 것 한두 개쯤은 살 수도 있지 않느냐는 집사람의 성화에도 불구하고, 들어갔으니까 할 수 없이 둘러보는 시늉만 할 뿐 도망치듯 밖으로 나왔다.

바로 옆에 오래전 캐나다 밴쿠버에서 기증했다는 5.5m 크기의 증기시계가 서 있었다. 기념사진 찍는 명소로 알려져 있다. 얼마나 관리를 잘했는지 아직도 제 시간에 맞춰 15분마다 증기를 내뿜으며 작동하고 있단다.

한번 만들어 놓은 것은 시간이 지나도 버리거나 고장 내지 않고 어떻게든 관리해서 그대로 지탱하는 게 소위 장인정신 아닌가 싶다. 서울 종로의 피맛골이 자연스레 떠오른다. 돈 들여 다시 지으라고 해도 못 지을 것을 일순간에 흔적도 없이 허물 어버리고는 아무 특징 없는 대형 빌딩을 세워놓았으니 그 차이 가 더욱 커 보인다. 허탈하다.

개인의 프라이버시를 존중한다지만

오타루에서 치토세로 약 1시간 30분 이동하여 귀국길에 오른다. 운 좋게 만난 가이드의 생활밀착형 해설도 마무리된다. 아직은 연륜의 무게감이 느껴질 정도의 나이는 아닌데, 본인 말에 의하면 프로로서의 자존감으로 앵무새처럼 주어진 시나리오만 기계적으로 읊는 것에 만족하지 않았다고 한다.

끝없이 공부하고 익히고 찾고 궁리한 흔적이 엿보이는 내공이 담긴 설명이 이번 여행의 특급 보너스였다고 해도 과언이 아니다. 마무리 인사를 겸해 여행에 관한 여담과 덕담을 주고받다가 물어보았다. 혹시 우리가 둘러본 남서쪽 개발구역이 아닌 끝까지 개발되지 않은 채 처녀림으로 남아 있는 홋카이도의 북동쪽을 관광하는 코스는 없느냐고?

당연히 있기는 있단다. 그런데 그야말로 위험과 고생줄이 눈에 훤한 여행이라, 정해진 짧은 계절에 한해 그것도 최소한의 성원이 되면 가능하다는 이야기였다.

집사람의 눈빛이 순간적으로 다시 한 번 반짝이는 것을 감지할 수 있었다. 이럴 땐 먼저 치고 나가야지.

"그래 우리 기회 되면 오지 여행 꼭 참가하자!"

그런데 그때마다 눈이 너무 많이 와서 위험하다거나 그 고생하며 떠나려는 사람이 적어 아쉽게도 무산되는 일이 벌어진다면 그건 내 탓은 아니다.

새삼스레 패키지여행의 묘미를 재발견하는 재미가 있었다. 불평하자고 들면 한도 끝도 없겠지만, 그러려니 하고 보면 모든 게 괜찮고 즐겁고 편하다. 2~3년 전과 다른 나이의 무게감이 날카로운 신경을 무디게 한 것이라고 짐짓 핑계를 대도 좋겠다.

돈 걱정 없이 럭셔리 여행을 할 일이 아니라면 몇 푼 아끼겠다고 몇날며칠 인터넷 검색하느라 진 빠질 일 없다. 여행가방 들고 낑낑거리며 숙소 옮겨 다니고 오지도 않는 버스 기다리며 말도 안 통하는데 다리 동동 구르지 말고 패키지여행에 몸을 맡길지어다.

약간의 불편함을 감수하고 그저 시키는 대로 한다는 마음만 먹고 나서면 만사형통이다. 다만 지나치게 싼 비지떡이라는 함정에 현혹되지 않았으면 좋겠다.

마지막으로 한 가지는 정리하고 넘어가고 싶다. 이전에는 단체로 여행을 가면 적당한 시점에서 서로 통성명도 하고 소주잔도 나누면서 떠들썩한 여정이 되었다. 귀국해서도 형님, 동생 하는 모임으로 연결되는 경우가 많았다고 들었다. 요즘은 개인의 프라이버시를 존중해서 아는 듯 모르는 듯 서로 가벼운 눈인사만 하고 지내는 게 예의라는 것이다.

그렇겠지. 좋은 직장과 높은 지위에서 세월 보내다가 자식들 다 번듯하게 자리 잡고 아직도 방귀깨나 뀌는 사람이 있겠지. 반면 여행이라고는 신혼여행도 허겁지겁 속초나 경주로 다녀온 기억밖에는 없고, 순수 여행비 외에 맥주라도 한 잔 사먹으라고 가족 가운데 누가 슬그머니 쥐어준 용돈 아껴 선물로 초콜릿이라도 사야 하나 말아야 하나 고민하는 사람도 있을 것이다.

그들의 자기소개가 같을 수만은 없겠지. 기본적인 예의는 고사하고 안하무인에 돈 자랑까지 하는 사람과 동행하게 되어 여행을 완전히 잡쳤다는 이야기를 한두 번 들은 게 아니니까.

그래도 아쉬움이 남는 것은 순전히 촌놈의 개인적인 성정 탓이렸다. 각자 다른 색깔의 사연을 안고 이국땅에서 바로 이 시간에 같이 있을 수 있다는 인연이 결코 가볍지만은 않을 것이다. 그냥 편하게 수인사하고 기회 되면 소주잔 섞어가며 슬쩍 흘리는 인생사를 흘깃흘깃 듣는 재미도 적지 않을 텐데 말이다.

뭐, 방법이 아주 없는 것도 아니다. 친한 친구 녀석들 어떻게든 꼬셔서 부부 동반으로 패키지여행을 나서면 될 일이다. 그렇다면 사소한 것부터 차근차근 해나가자.

제일 먼저 중계동으로 가야 하나, 잠실역으로 가야 하나. 당
첨 확률 높다는 로또 대박 복권 사러!

두 도시 이야기
다낭에 울지 말고 롬복에 속지 마라!

2016년 7월 초순의 일이다. 일 때문에 싱가포르에 머물던 집 사람이 귀국하기 전 며칠간 휴가를 받았다는 통지를 보내 왔다. 그 얼마 전 사내 행사에서 행운권 추첨으로 얼떨결에 동남아 2인 여행권을 받은 일이 있었다. '우리가 이런 걸 언제 쓰겠어?'라며 책상 서랍 어디엔가 던져두었는데, 그걸 이용해 생각지도 않던 둘만의 여행을 다녀올 계기가 된 것이다.

다들 그런지는 모르겠지만 집안 사정상 신혼여행 이후 둘만의 시간을 가질 기회가 거의 없었다. 그러니 뭐 복잡하게 생각할 게 있을 리 없었다. 오로지 둘이 같이 있을 수 있다는 데 방점을 찍고는 '뭐든 안할 수 있는 자유'를 최상의 덕목으로 삼기로 했다.

그런 상황에서 친지나 가이드의 친절하고 효율성 높은 지도하에 찬란한 문화유산이나 빼어난 풍광을 보려는 계획은 꿈에도 없었다. '상황에 따라 유연하게 대처한다'는 게 유일무이한 원칙이었다.

눈만 부딪히면 서로 목소리 높여 가며 먹고 자고 하는 데 목숨 걸고 살아온 인생이다 보니, 제대로 된 여행기는 애시당초 기대난이다. 오가는 길에 흘렸던 에피소드나 몇 가지 줄기로 할 수밖에!

사족 하나 덧붙여야겠다. 하필이면 출발 시점이 회사 신입사원 교육을 앞둔 때였다. 평소 같으면 우리 팔자에 무슨 여행이냐고 일언지하에 거절했을 것이지만, 갱년기 호르몬 변화의 위세를 등에 업은 집사람이 이번에는 전혀 양보할 뜻이 없었다.

가라사대 "회사 그만두고 와!"

애간장 다 타버린 출애굽기(출국기)

장맛비가 제대로 내린다. 억지로 시간 조절한 신입사원 입문 교육을 정신없이 마치고 서둘러 귀가했다. 별로 꾸릴 짐도 없어 옷가지 몇 개 넣은 여행가방 챙겨 우산을 떡하니 받쳐 쓰고 나온다(고대하던 여행의 출발점이 예사롭지 않구나!).

보통 시간당 두 편 있는 공항버스가 이 시간대만 3편, 공항 일찍 가서 뭐 할일 있겠느냐고 머리 쓴다며 중간시간대를 택한 것이 '신의 악수'가 될 줄이야. 비를 맞으며 택시도 오지 않는 정류장에서 꼬박 40분을 서 있었다. 3시 37분 버스가 57분이 되어서야 도착했다.

손님이 없어 한 타임 빼먹은 게 아니냐는 오해를 받기 좋게 다음 배차시간에 정확히 맞춰 공항버스가 왔으니, 점잖음을 가장했지만 어쩔 수 없이 운전기사에게 짜증을 낼만도 했겠다.

돌아온 대답은 싱겁게도 교통체증 때문이란다. 타는 승객마다 비슷한 심정으로 늦게 도착한 버스 타박을 하는데, 기사님 답변은 금요일 오후면 이럴 시간대가 아닌데 자기로서도 황당하기 짝이 없다는 나름 단순명쾌한 것이었다. 슬슬 '이거 뭐야' 하는 느낌이 도래한다.

그래도 가는 길은 비교적 순조롭게 운행되나 했더니 그도 잠깐뿐이었다. 수서쪽 간선도로 초입부터 여지없이 막히기 시작하더니 올림픽대로 진입 지점까지 움직일 줄을 몰랐다. 어찌어찌 한남대교를 거쳐 한강대교 근처까지 이르렀는데도 사정은 나아지지 않았다. 심지어 평상시의 심리적 저항선인 여의도를 지났는데도 지체가 계속되는 초유의 사태가 현재진행형으로 벌어지고 있었다.

그러면 그렇지, 알고 보니 결국은 빗길 교통사고 때문이었다. 속 타는 내 마음과는 상관없이 상황은 호전될 기미가 좀체 보이지 않았다.

7시 비행기라서 계속 시계만 들여다보고 있을 수 없었다. 한참 근무 중인 아들에게 어떻게든 수습책을 알아보라고 닦달했

186

다. 그러나 항공사 측에서는 6시 10분이 수속 데드라인이라 그 시간 이후로는 장담할 수 없다는 교과서적인 답변만 되풀이한다는 이야기였다. 타들어가는 속은 굵은 빗방울이 차창을 하염없이 두드리는데도 진정될 기미가 전혀 보이지 않았다.

시간은 하릴없이 흘러 초침소리가 비수처럼 가슴에 와 닿는다. 답답한 마음에 운전기사에게 조금이라도 빨리 가야 한다는 사정을 읍소해 보지만, 어쩔 것이냐 이제는 사람의 영역이 아니라 신의 영역인 것을!

아주 늦어버리면 차라리 포기하는 게 더 쉬울 듯한데 참으로 징그럽게도 겨우 1분, 2분 차이가 날 것 같은 상황이 계속된다. 입은 바짝바짝 마르고 고상한 말로 미치고 팔짝 뛸 노릇이 바로 이런 상황을 가리키는 것이 아닌가 싶었다.

월매나 감사한지 모르겠어유!

드디어 버스가 공항 출국장 앞에 도착했다. 시간은 6시 1분, 기사가 할인 티켓 뭐라고 하는 것 같았지만 그 소리를 들을 염도 없이 여행가방을 들고 냅다 뛰었다. 하필 공항버스 하차 지점인 대한항공 카운터 쪽에서 보자면 아시아나 카운터는 가장 반대편이었다. 이 또한 결정적인 순간에 발목지뢰가 되기에 충분했다.

평상시 같으면 휘파람 불며 어기적어기적 걸었던 그저 그런 거리가 왜 그다지도 길게 느껴지는지. 어쨌든 무협지에 나오는 소림비급의 경공신법을 전개하여 3분 만에 전용 카운터에 도착하니, 숨은 턱에 차고 입은 말라 쓴맛만 가득하다.

그렇지만 정작 카운터 직원은 여유가 넘쳐흘렀다. 여직원들이 주류를 이루는 창구에서 '시간 늦어 도와줄 길이 없다'는 말을 해도 놀라지 않을 만큼 적당히 우락부락한 모습의 남자 직원이 아직 시간 충분하다며 걱정하지 말고 마음 편히 수속하라고 진정을 시켜준다.

그럼에도 연신 거친 숨을 몰아쉬며 버벅거리는 모습을 보고는 혹시라도 수속이 늦어지면 자기가 직접 에스코트라도 해서 안내해 줄 테니 걱정하지 말라고 재차 심호흡을 시켰다.

아이고야, 평소 국내에서 쓸 일 없는 고급영어가 절로 튀어나온다. How much thank you I don't know(월매나 감사한지 모르겠어유)!

좌석 배정을 무사히 마치자 비로소 끝없이 이어지던 불안감에서 해방되어, 걱정하던 식구들에게 문자로 인간 승리의 뜨거운 소식을 타전했다.

나중에 보니 다낭에서 대기하고 있던 집사람도 비상이 걸려 이리 뛰고 저리 뛰고 난리가 아니었던 모양이다. 그러나 제 돈

내고 폼 잡으며 가는 여행이 아니었던 터. 집사람 출장길에 아끼고 아껴두었던 마일리지를 이용한 티켓인지라, 일단 일정이 틀어지면 별다른 방법이 없다는 여행사의 연락을 받았다고 한다.

안타깝지만 따로 할 수 있는 일이 없어 그저 하늘이 도와주기만을 기도할 수밖에 없었다는 말을 나중에 듣고 보니, 그 심정이 1밀리미터의 오차도 없이 가슴에 쏙쏙 와 닿았다.

그야말로 '시골 영감 처음 타는 기차놀이'의 아류쯤 되는 황당한 모습을 제대로 연출하지 않았나 싶다. 공항엔 일 없더라도 일찌감치 나가야 하는 이유를 이제는 알겠노라.

그것이 끝이 아니었다

보안검사를 통과하고 출국신고대를 지나자 비로소 긴장이 풀리며 정신이 돌아오기 시작했다. 갑자기 몰아치는 요의에 급하게 화장실에 들렀다. 평소 같으면 별로 쳐다볼 일도 없는 음용수대를 끌어안고 아마 생전 처음으로 정부가 품질을 보증하는 수돗물을 정신없이 들이켰던 것 같다.

우여곡절 끝에 비행기에 탑승했다. 간만에 맛보는 기내식의 여운이 사라지기도 전에 기내 안내방송을 듣는 순간 다시 한

번 좌절을 맛보아야 했다.

당연히 도착지 시간은 현지시간이다. 그러나 오랜 기다림 끝의 여행이라는 설렘에 현혹되어 아무 생각 없이 두 시간 반이면 목적지인 다낭에 도착하는 줄 알고 있었던 것이다. 카운터에서 받아 든 비행기 표의 19시 출발, 21시 30분 도착이라는 문구를 여과 없이 받아들였던 탓이다.

시차 2시간을 감안하면 4시간 반이 걸린다는 것을 비행기 안에서 비로소 현실로 느끼게 되었으니 그 당혹감을 어떻게 표현해야 할까.

아주 작심하고 보너스까지 기다리고 있었다. 주말 고속도로도 아닌데 인천공항 활주로가 적체되어 대기하고 있다는 기장의 안내방송이 흘러 나왔다. 비행기는 그 자리에서 30분을 멈춰 서 있었다. 간단히 말해 2시간 반의 기대치가 5시간을 넘기는 현실로 옥박지르는 상황인 것이다.

마음 탓이었을까? 기내식도 근래 들어 제일 맛이 없었다. 그럭저럭 싸구려 와인으로 입맛을 달래기는 했지만, 잠들기도 난망하여 평소 안 보던 영화까지 한 편 보며 몸을 비비꼬기에 여념이 없었다.

'날짜변경선이야 내 모르겠고, 같은 동아시아권에서 시차를 두 시간이나 두다니 이거 촌놈이라고 너무 무시하는 거 아냐?'

어찌되었건 시간은 흘러 현지시간 9시45분에 다낭 공항에

190

도착했다. 외국 자주 나갈 일 없는 일천한 경험상 특이하게 입국신고서도 작성하지 않은 채 여권만 들고 이민국 심사대를 통과했다.

시골 정류장 분위기의 입국장에 들어서자 갑자기 싸구려 땀 냄새가 전신을 엄습하며 도착 환영 세리머니를 대신해 준다. 환영객이 지척에서 바라보이는 코앞에서 짐을 찾아 입국장을 나서니, 이제나저제나 하고 기다리던 집사람이 잃어버렸던 자식 찾은 듯 반갑게 맞아준다. 아마도 결혼 후 이렇게 따뜻한 환대를 받아본 적은 한 번도 없었을 것이다.

군냄새 물씬 풍기는 3류 드라마 같은 여정 끝에 호텔에서 제공한 리무진 편으로 다낭 바닷가에 위치한 풀만 리조트 Pullman Resort에 도착했다. 여장을 풀 새도 없이 로비로 내려갔다. 늦은 시간 유일하게 불빛을 밝혀놓은 로비 바에서 살얼음 둥둥 띄운 마가리타 몇 잔으로 길고 긴 첫날의 모험을 마감했다.

콘티넨털 블랙퍼스트의 힘

호텔의 조식 뷔페는 늘 그렇듯이 한편으로는 그만하면 감지덕지이고 다른 한편으로는 도대체 달라지는 게 없는 식상함이 교차한다. 뭐, 굳이 찾아서 먹자면 그런 대로 격식 갖춰서 먹을 수 있겠으나, 우리가 누구인가? 한국 사람이면 으레 계란프라이 두 개에 베이컨이 들어 있는 '콘티넨털 블랙퍼스트'를 먹는 것만으로 없던 기운도 솟아나게 만드는 것을.

지난밤 연거푸 들이킨 칵테일 해장하려고 쌀국수를 시켜보지만 역시나 특이한 향을 피해 가기 어렵다. 할 수 없이 칠리소스 쳐서 국물만 몇 모금 떠먹고 만다. 마지막으로 카푸치노 한 잔 폼 나게 시켜놓고 흑설탕 1봉지에 집사람이 남긴 백설탕 반 봉지 털어 넣어 홀홀 들이마시니 그제서야 만사 오케이, 걱정이 없다.

여행사에서 마련해 준 택시가 기다리고 있었다. 반나절에 우리 돈 8만 원 정도라니 이곳의 소득 수준을 감안하면 택시기사로서는 친절하지 않을 수가 없다. 목적지로 이동해서 내려주고는 어디에선가 대기하고 있다가 떠날 때쯤 되면 전화벨이 끝나기도 전에 번개같이 알아채고 마중을 나온다.

먼저 숙소 가까운 곳에 자리한 대리석 조각 거리에 들렀다. 손재주가 뛰어난 조상들의 전통이 계승되어 지역 특산인 대리석을 세공해 만든 작은 장신구부터 초대형 불상까지 없는 게 없다고 했다.

평소 별로 곁눈질 잘하지 않는 내 눈에도 나중에 단독주택에 살게 된다면 집 뜰에 놓고 싶은 마음이 가는 작품이 없지 않왔다. 하지만 글쎄, 어느 세월에 그런 일이 우리에게 일어날 수 있을 것인가.

이어 근처에 있는 마블 마운틴Ngu Hanh Son이라는 대리석 동굴 산으로 갔다. 다섯 개의 작은 산으로 이루어져 오행산으로 불린다고 한다. 각각 목화토금수의 산으로 명명되어 있으며, 현재는 물의 산Thuy Son만 관람할 수 있다.

아담한 크기의 동산 같은 산은 산 전체를 인공으로 조성했다고 해도 믿을 만큼 외관을 제외하고는 거대한 천연동굴로 이루어져 있었다. 곳곳에 불상을 모셔놓고 조명을 적절히 배치하여 오묘한 분위기를 자아내는 것이 그리 크지 않은 규모에도 불구하고 관광지로 삼을 만했다.

길을 나선 김에 유네스코 세계문화유산으로 지정되었다는 마이손My Son까지 가보기로 했다. 손재주가 뛰어났던 참파 족이 조성한 힌두 사원 유적터인 마이손은 벽돌로 쌓은 건축물의 전형이라고 했다. 그렇지만 지금은 세월이 흐르고 비바람에 풍화되어 뼈대 정도만 남아 있었다.

마침 전문 가이드를 대동한 여행팀과 조우하여 몇 마디 귀동냥을 했다. 원형 그대로를 복제한 벽돌로 끊임없이 보수하고 있으나, 조금만 시간이 지나면 새로 제작한 벽돌이 허물어지기를 반복한다고 한다. 반면에 폐허를 지탱하고 있는 옛 벽돌은 그대로라는 것이다. 현대의 온갖 공학 기법을 동원해 원래의 벽돌 성분을 분석해 보아도 정확한 황금비율을 알아내지 못했다나 어쨌다나.

안방 해변의 위로

오후에는 가이드에게 소개 받은 호이안Hoi An을 둘러보기로 했다. 그럭저럭 점심때가 되어 식당을 먼저 들르기로 하고 지척에 있는 안방An Bang 해변을 찾았다.

지역 명소로 알려져 있다는 '소울키친'이라는 식당을 추천받고 찾아갔으나, 역시 이름값 하느라 그런지 손님이 와도 별 반응이 없다. 줄 서서 기다릴 줄 모르는 평소의 고약한 성정대로 어김없이 그냥 지나쳤다. 비교적 바다 조망이 좋아 보이는 근처의 다른 식당으로 들어갔다.

우리 식으로 본다면 원두막 같은 형태로 구획되어 있었다. 당연히 코앞에 바닷물이 넘실거리고, 자리에는 푹신한 대형 쿠션이 원하는 만큼 놓여 있었다.

한 가지 눈에 거슬리는 것은 바닷가답게 대충 웃통을 벗어젖힌 관광객들의 지나치게 자유로운 모습이었다. 쿠션에 기대어 먹고 마시고 담소하는 폼이 마치 대마초 한두 대쯤은 피운 분위기를 연출하고 있었다.

평소와 달리 여행이 주는 한없는 너그러움으로 무장한 우리 역시 전혀 당황하거나 불편해 하지 않고, 그러거나 말거나 우리의 시선만을 즐기기로 했다.

가리비 구이와 사이공 맥주에 눈이 휘둥그레진 터에 씨푸드며 파스타가 제대로였다. 그래도 국물이 있어야 한다고 시킨 쌀국수까지 거칠 것이 없는 맛에 취해, 바닷물에 뛰어들고야 말겠다는 결심은 생각조차 나지 않았다.

따갑고 습한 날씨임에 틀림없지만 바닷가 특유의 바람이 주는 쾌감은 결코 많이 마시지 않은 알코올 탓이라고는 할 수 없는 묘한 안도감과 해방감을 선사했다.

마침내 눈살을 찌푸리게 하던 바로 옆자리의 젊은 친구들과 유사한 포즈로 길게 누워 있는 우리 모습을 발견하게 되었다. 도를 깨친 듯한 미소를 머금지 않을 수 없었다.

오후 일정을 보낸 호이안 시내 민속마을 관광은 나쁘지 않았다. 하지만 안방 해변의 여운이 워낙 강하게 남아서인지 대충대충 성의 없이 둘러보는 수준에 그쳤다. 바닷가와 다른 후덥지근한 날씨에 마냥 구시렁거리기를 주저하지 않으며.

그도 잠시, 악마의 유혹처럼 에어컨 냉기 빵빵한 카페에 들렀다. 마치 우리 식의 봉다리 커피 세 개쯤 털고 설탕을 원하는 만큼 넣은 듯한 진한 냉커피 한 잔에 모든 불편함을 용서하기로 했다.

식상하지만 오토바이 이야기 조금

다음날 아침 현지 시간 6시쯤 기상, 한국 시간으로 8시쯤이니 휴일 아침 일어나는 생체시계는 먼 이국땅에서도 한국 시간을 용케도 기억한다. 평소와 달리 코도 안 골고 숨도 쉬지 않는 듯이 자는 집사람 억지로 깨웠더니 아침부터 또 수영장엘 가자고 한다.

어제 저녁 호이안에서 돌아온 후 리조트 전용 바닷가에서 해수욕을 충분히 즐겼다. 해가 뉘엿뉘엿 지며 마감시간이 되자 부속 풀장으로 옮겨 역시 마가리타 연신 마셔가면서 하고 싶은 대로 온갖 포즈 다 잡아가며 수영을 할 만큼 했는데도 말이다.

이 나이에 이르기까지 오로지 개헤엄으로 온갖 풍상을 이겨낸 나로서는 평생 수영한 시간을 다 합친 것보다 더 많은 시간을 물속에서 보냈다. 눈물로 이루어진 이번 여행의 의미가 고스란히 살아 숨 쉬는 느낌을 차마 뿌리치기 힘들었다.

저녁 비행기로 싱가포르로 가는 일정이라 멀리 갈 수는 없고 해서 다낭 시내를 좀 둘러보기로 했다. 오토바이의 홍수를 뚫고 택시로 중심가로 이동했다. 대형 쇼핑몰이며 재래시장인 한 시장Cho Han, 한국인들이 즐겨 찾는다는 마트 등을 둘러보았으나 큰 감흥이 있을 리 없다.

사람 사는 게 다 그렇지 하는 일상을 다시 한 번 확인할 뿐

196

이다. 우리의 시계를 과거로 조금만 돌리면 부딪칠 법한 그런 얼굴들과 살아가는 모습을 조우할 수 있었다. 시간에 쫓기거나 마음이 급해지지 않는다는 점이 고마울 뿐. 집사람이 섭섭하다고 하여 원뿔형으로 생긴 베트남 전통모자 농Non을 사서 양산 대신 쓰고 다녔다.

서울과 똑같은 이름의 한강Han River가를 산책하다 너무 더워 에어컨 팡팡 나오는 카페 2층에서 달달한 아이스커피로 정신을 차린다. 우후죽순 쏟아져 나오는 발음도 잘 안 되는 수많은 커피 메뉴의 공습 속에 쓸쓸히 명맥을 잃어가는 한국의 봉다리 커피 맛을 머나먼 다낭 시내에 와서 만끽하는 감회가 새롭다.

다낭에서의 마지막 식사는 반은 속는 셈치고 반은 좀 점잖게 먹어보자고 가이드가 추천하는 마담 란이라는 베트남 전통 식당으로 정했다. 워낙 관광객들이 많이 오는 듯 식당 밖에 택시가 대기하고 있는 광경이 눈길을 끌었다. 다른 곳에서는 좀체 볼 수 없는 모습이다. 밖에서 볼 때는 그리 크지 않게 보였으나, 정원 식으로 군데군데 구획이 되어 있는 내부는 제법 아늑했다. 주변 식탁에서 먹는 음식을 유심히 살피며 메뉴를 연구했으나 역부족이다. 고둥처럼 생긴 베트남 달팽이 요리와 오징어, 쌀국수 등을 먹은 것 같은데, 잘 기억이 나지 않는 것으로 보아 감동적인 맛은 아니었던 것 같다. 그렇다고 딱히 나쁘다는 생각이 든 것도 아니다.

제주도 가서 귤 이야기하면 촌놈이듯이, 베트남 가서 오토바이 이야기하면 왠지 식상하다는 느낌이 든다. 관련이 있는 텔레비전 뉴스 시간마다 빠지지 않고 본 베트남 풍경이 생생하게 남아 있기 때문이다. 그렇지만 눈앞에서 오토바이 천국을 실제 본 느낌을 한마디하지 않고 가는 것도 이상하다.

거두절미하고 베트남에는 오토바이가 정말 많다. 혼자도 타고, 둘이도 타고, 다섯 명쯤이나 되는 가족이 타기도 한다. 남녀노소 구분도 없다. 뭘 먹기도 하고, 핸드폰 문자를 보(내)기도 하고, 연인끼리 꼭 붙어 타기도 한다. 아빠가 아들에게 타는 법을 가르쳐 주기도 하고, 짐을 산더미처럼 싣고 가기도 하고, 아슬아슬 곡예운전을 하기도 하고, 샌들을 신고 타거나 맨발로 타기도 하고…

아마도 내가 목격한 풍경의 하이라이트는 다낭 시내에서 고등학생임직한 여학생 둘이서 편대비행하듯 나란히 속도를 맞춰가던 풍경일 것이다. 뭔 이야기인가를 쉴 새 없이 나누며 주변의 풍경이야 어떻든 전혀 신경 쓰지 않고 다정하게 달려가던 모습이 참으로 인상적이었다.

어딘가를 지나가다 보면 정자나무 아래가 마치 휴게소인 양 수많은 오토바이가 나름 질서정연하게 주차되어 있다. 그 옆에 오토바이 숫자만큼의 사람들이 모여 앉아 쉬는 모습을 절대 모른 척하며 지나칠 수는 없는 일이다.

이 나라에서 자동차 크락숀은 거의 휘파람이나 호각 수준이라고 봐야겠다. 끊임없이 경적을 울려대며 오토바이와 신경전을 벌인다. 오토바이는 어떤 상황에서도 뒤를 돌아보거나 곁눈질하는 법이 없다. 놀라울 정도로 미동도 없이 묵묵히 자기 갈 길을 간다. 백미러도 없이 1차선과 2차선을 자유로이 오가는 영혼들의 각축장이라고나 할까.

비상구 앞좌석 좋아하지 마라

다낭 공항에서 싱가포르로 가는 비행기를 기다린다. 국내선과 국제선이 혼재되어 있는 출입구를 들어서면 바로 앞에 이민국 심사대가 위치해 혼잡도가 장난이 아니다. 이민국을 통과하면 바로 대기실이다. 네 개의 게이트가 둘러싼 중간에 대기실이 있는데, 좀처럼 빈 좌석을 찾을 수가 없다.

그 와중에도 애들은 뛰어다니고, 연인들은 스킨십을 그치지 않는다. 누군가는 무엇을 먹고, 또 누구는 누군가를 소리쳐 부른다. 우리 김포공항도 저랬던가?

좀 일찍 비행기 티케팅을 하면 운 좋게 비교적 발 뻗을 공간이 넓은 비상구 앞좌석을 배정받을 수 있다. 비상시에 승무원을 도와 비상구를 열어주어야 한다는 설명과 함께. 비행기를 자주 타본 사람은 알 만한 이야기다.

한편 어린아이를 데리고 타는 경우 최우선적으로 좌석을 배정한다고 한다. 이륙하고 나면 아기 요람을 장착해 주어 아주 요긴하게 애들을 재우는 모습을 본 적이 있다.

아뿔싸! 그런데 이번엔 잔머리가 발목을 잡았다. 가는 날이 장날이라고 하필이면 한 명도 아니고 앞뒤 좌우 좌석에 다 아기들을 데리고 타는 것 아닌가. 잔뜩 긴장이 되었다.

아니다 다를까, 출발하면 조용히 잠을 잘 것이라는 기대는 일찌감치 물 건너갔다. 한 아기가 울면 다른 아기가 바통을 이어받으며 경쟁적으로 울어대기를 반복했다. 그 엄마들을 향해 처음에는 야릇한 미소로 애써 괜찮다는 듯한 신호를 보냈으나, 비행하는 내내 쉴 새 없이 우는 통에 두 손 두 발 다 들어버렸다.

급기야 기내식 서비스 중에 바로 옆 좌석에 앉아 아기와 씨름하던 중년의 백인 여성이 내게 와인까지 쏟아버리는 것이었다. 옷에, 신발에, 손등에, 식탁에 와인이 튀었다. 영어라면 '땡큐'와 '아임쏘리'밖에 모르다가 최근 주워들은 것이 '노 프로블럼'No problem이니 어쩌겠는가. 팬티까지 젖어 축축해 죽겠는데, 그래도 '노 프로블럼'이란 말이 의지와 상관없이 툭 튀어나왔다.

애들 데리고 여행하지 말란 법은 없겠지만, 그래도 애들과 함께하는 여행은 식당 가는 것과 마찬가지로 생각을 좀 했으면 좋겠다.

싱가포르에도 사람이 산다

싱가포르에서 이틀 정도 넋 놓고 쉬면서 평소와 다른 여행의 빠듯한 일정에 지친 몸을 잠시 추스르기로 했다. 싱가포르는 워낙 많이들 가본 곳이겠지만, 잠깐 머물던 기억 몇 가닥으로 아쉬움을 달래려고 한다.

창이 공항에서 숙소인 리버사이드 거리 아스펜 하이츠로 가는 길은 정말 깨끗하게 정리가 되어 있었다. 헝클어진 마음이 저절로 정돈될 정도라고나 할까. 그러나 하루만 싱가포르에 있어 보면 안다. 여기도 사람이 사는 곳이라는 것을!

휴지 한 장 떨어져 있지 않고, 침을 함부로 뱉지 않으며, 껌을 씹다가 들키면 아직도 태형이 시행된다는, 질서와 준법의 도시라는 이미지가 워낙 강한 곳이 싱가포르다. 그런데 한 꺼풀만 더 들여다보면, 한 발자국만 더 뒷길로 들어가 보면 찔러도 피한 방울 날 것 같지 않은 이 사람들의 온 몸에서 온기가 돈다.

뒷골목은 우리네 뒷골목처럼 지저분하기 짝이 없고, 역설적으로 들릴지 모르지만 가히 흡연자의 천국이다. 택시는 마음먹은 곳에서 어떤 형태로든 방향을 바꾼다. 우하하하, 하향평준화면 또 어떤가. 기분이 상쾌해진다.

알고 보니 워낙 규제와 통제로 질서를 잡아가는 곳이라, 눈에 띌 때는 어느 누구도 이를 벗어나기 어려운 게 사실이란다. 그 반작용으로 안 보이는 곳에서의 일탈도 그만큼 강하다는 것이다. 하긴 그렇지 않으면 답답해서 어찌 살아갈 것인가.

아침에 느긋하게 일어나 반바지 차림으로 동네 구경하듯이 설렁설렁 걷다가 브런치로 유명한 귀퉁이 식당 문을 열고 들어간다. 세상에나, 흡사 저녁 식사하러 모인 사람들처럼 하나같이 전투적인 자세로 먹고 마시고 이야기하느라 빈자리를 찾을 수가 없다.

연중 덥고 습한 날씨 탓에 하루에도 열두 번 해야 한다는 샤워를 간단히 마치고, 아점 먹었다고 점심 건너뛸 수도 없어 오차드Orchard 거리로 나선다. 세계의 음식점이 다 모여 있다는 싱가포르에서도 중심지인 오차드에 가면 모든 게 해결된다.

우리나라의 백선생표 식당은 물론 엄청 비싼 김밥에 인사동 팥빙수까지 없는 게 없다. 당연히 골라 먹는 재미가 일품이다. 언제 어느 곳에서고 타이거 맥주가 든든하게 지켜주니 걱정이 없다.

비싸도 너무 비싼 탓에 자가용은 업무용 아니면 아주 돈 많은 부자들의 전유물이다. 그렇지만 대중교통이 정말 잘 정비되어 있어 선불카드 한 장이면 지하철이고 버스고 거침없이 어디든 데려다 준다.

리틀 인디안, 차이나타운, 터키 거리를 누비다가 싫증나면 싱가포르 강을 따라 형성되어 있는 유흥지의 시발점인 클락키 Clarke Quay에서 유람선을 타도 좋다. 파리 센 강처럼 물도 탁하고 냄새도 좀 나지만, 싱가포르의 상징인 머리이온 주변의 밤의 열기를 느껴보면 속는 기분은 아니다.

숙소 근처인 클락키에서 제법 떨어져 있는 마리나베이샌즈 호텔까지 조깅하는 여유를 부리기도 했다.

내가 만만하게 보이다니

이번 여행의 종착지이자 한껏 기대하던 인도네시아 롬복 Lombok으로 향했다. 인도네시아 사람들도 여유가 생기면 꼭 가보고 싶어 하는 오지라는 이야기를 듣고 한참 벼르던 곳이다.

보통 어디론가 떠나는 날이면 시간이 어중간해 아무 것도 못하고 마음만 급하던 기억이 가득하다. 싱가포르는 공항이 가까우니 느긋하게 청소하고, 이것저것 챙겨 아침 먹고, 집사람은 밀린 이메일까지 체크한다. 서둘 이유가 없으니 마음이 편하다.

택시 콜을 하려다 시간도 있고 해서 길가로 나가서 타기로 했다. 콜 비용이 시내는 3달러인데 비해 공항에 가려면 7달러를 더 내야 한다고 한다. 한 번 공항에 들어가면 하릴없이 늘어서 대기해야 하니 합리적이라는 생각도 든다. 그러나 한편 기회다 싶어 확실히 한몫 챙기는 자본주의의 속성이라고 생각하면 그냥 넘기기에 좀 껄끄러운 면이 없지 않다.

택시를 타자마자 파스포트 어쩌고 기사가 아는 체를 한다. 여권 챙겨왔냐는 말이렷다. 특정 단어 하나만으로도 앞뒤 상황을 절묘하게 해석해 내는 스스로에게 칭찬을 보내며 슬며시 미소를 짓는다.

공항에 도착해 짐을 택시 트렁크에서 직접 꺼냈다고 집사람에게 혼났다. 택시비에 서비스 요금이 포함되어 있으니 당연히 기사가 내려줘야 하는데, 쓰윽 훑어보고 만만하게 보이면 안 내려 준다는 것이다. 그것 참, 내가 그리도 만만하다는 걸 싱가포르 택시기사가 알고 있었다니, 웃어야 하나 말아야 하나!

간단히 수속 끝내고 점심을 먹으러 식당으로 갔다. 점심때라 식당마다 줄을 서 있었다. 특별한 미각을 가진 것도 아니고 다 뜨내기손님일진데, 무조건 줄 안 서는 식당으로 들어갔다. 뭔가 주문을 열심히 받는다.

이번에는 믿어볼까 했으나 역시나 여지없다. 밥 다 먹고 후식 갖다 달라고 몇 번을 이야기해도, 대답만 하고 함흥차사다.

결국 들뜬 기분에 시켰던 빙수는 구경도 못하고 그냥 나왔다. 어딜 가나 특히 식당 종업원들의 경우 의사소통의 문제가 어김없이 여행객의 발목을 잡는 냉각수 역할을 하곤 한다.

비행기가 먼저 출발하기도 하더라

처음 타보는 인도네시아 국적 항공사인 가루다 항공. 반바지를 입은 탓에 에어컨 냉기를 생각해서 담요를 부탁했더니, 여분이 없다고 둘이서 하나를 쓰라고 한다. 이것들이 우리가 불륜 관계인지 어찌 알고 담요를 나눠 쓰라는 것이지? 생각지도 못했던 대접에 오히려 기분전환이 된다.

분명 3시 반 비행기인데 3시 20분이 되자 슬슬 움직인다. 이게 무슨 경우인가 했더니, 세상에나 요즘 워낙 공항이 붐벼 승객 다 타면 형편 되는 대로 빨리 움직여야지 그렇지 않으면 이륙장에서 얼마나 대기해야 할지 모른다고 했다. 출국할 때 인천공항에서 겪었던 상황이 요즘 어디나 비슷한 모양이다. 하긴 나 같은 사람까지 비행기를 타니 그럴 수도 있겠다 싶어 픽 웃음이 나왔다. 이륙장으로 나가니 양쪽 계류장 통로를 통해 쉴 새 없이 이륙을 준비하는 비행기들이 줄지어 나온다. 마치 고속도로 차선이 합류하는 지점처럼 한 대씩 교대로 사이좋게 이륙을 준비하는 모습이 인상적이었다.

여기서도 다낭에서 싱가포르로 이동할 때와 비슷한 상황이 발생했다. 역시나 애들이 많이 보인다고 생각했더니 이륙하고 나서 다양한 톤으로 울어대는 통에 신경이 곤두설 지경이었다.

뭐 어찌할 수 있겠는가. 부모들도 별로 미안해하는 구석이 없고, 승무원들 역시 달랠 마음이 애초부터 없어 보였다. 편한 자리 찾는다고 공간이 넓은 비상구 쪽 좌석에 잘못 타면 애들 우는 소리에 마음 상할지도 모를 일이다.

여행지에 낮에 도착한 경우가 별반 없어 불빛만 내려다보며 내리곤 했는데, 모든 지형이 선명하게 드러나 보이는 한낮의 자카르타는 새로운 경험이었다. 고층빌딩이 아주 눈에 띄지 않는 것은 아니었지만, 아파트 같은 것은 거의 보이지 않고 블록마다 같은 집장사가 지은 듯 비슷한 형태의 집들이 집단을 이루고 있었다.

랜딩기어 내리는 소리가 들리기에 착륙하나 싶었더니 비행기가 다시 상승한다. 기장의 안내 방송은 활주로가 붐벼 내릴 수가 없으니, 상공을 배회하다 틈을 찾아 다시 착륙해야 한다는 것이다.

참 여러 가지 경험 다 해보는 여행이라 아니할 수 없다. 착륙이 지연되면서 잠시 잠잠하나 했던 애들 울음소리가 다시 메들리로 울리기 시작한다.

전형적인 주황색 지붕이 압도하는 주택지가 군데군데 보이고, 공항 근처 아주 큰 규모의 잘 정돈된 공동묘지에는 무슨 날인지는 몰라도 참배객들이 꽤나 붐볐다.

롬복으로 가는 인도네시아 국내선 비행기 시간을 맞추느라 수카르노하타 국제공항에서 환승을 위해 족히 2시간은 대기해야 했다. 롬복이 아직 잘 알려지지 않은 곳이라 연결편이 많지 않았는데, 바로 연결되는 실크에어 항공료의 3분의 1밖에 되지 않는다고 집사람이 인터넷을 뒤져 찾은 것이다.

나중에 알고 보니 현지인들은 싱가포르에서 직접 연결되는 발리로 가서 거기서 배를 타고 롬복으로 이동한다고 한다. 그렇게 하면 시간도 비용도 훨씬 절약된다는 것이다. 젠장, 우리로서는 도무지 알 수가 없는 일이다.

덕분에 집사람이 쇼핑하는 과정을 얌전하게 수행해야 했다. 기다리는 시간을 무료하게 앉아 있을 수만 없다는데 어쩌겠는가. 이곳에 하청공장이 있는 건 또 어떻게 알았을까? 폴로 매장에 들러 다른 곳보다 무조건 쌀 것이라는 이유로 겨울용 스웨터 하나와 해변에서 폼 잡고 다닐 때 입으라고 반바지 하나를 구입했다. 내 의사와 전혀 상관없이.

롬복에 속지 마라

롬복은 우리에게 널리 알려진 발리에서 1시간 정도 배를 타면 닿을 수 있는 곳이다. 지구상에 '몇 군데 남지 않은 천혜의 때 묻지 않은 자연을 간직한 곳'이라는 짧지만 강렬한 홍보 문구가 인상적이었다.

소설 속에나 나올 법한 풍광을 기대하며 들뜬 마음으로 롬복에 발을 들였다. 그러나 롬복의 실상은 그 짧은 시간 사이에 어쩌면 벌써 과거의 일이 되었는지도 모르겠다.

으레 관광 코스의 정석처럼 되어 있는 3개 섬(트라왕안, 메노, 아이르) 일주는 가장 크다는 트라왕안 길리Trawangan Gili(길리는 우리말로 '작은 섬'이라는 의미라고 한다) 선착장에 내리자마자 실망감으로 다가왔다.

일단 사람이 너무 많았다. 좁은 길은 움직이기조차 쉽지 않았다. 자전거 타는 사람, 거대한 배낭을 짊어진 젊은 여행객, 호객꾼들에 더해 관광용 마차까지 쉴 새 없이 경적을 울리고 다녔다. 쓰레기가 주체할 수 없을 정도로 지천으로 널려 있고, 땀 냄새에 말똥 냄새가 진동하는 선착장 입구는 가히 아비규환 수준이었다.

관광지 바닷가 특유의 번잡함으로 들뜬 공기를 핑계로 어렵사리 한 식당으로 비집고 들어가 자리를 잡았다. 음식 맛이 나

208

쁘지 않아 그런 대로 기운을 차린 후 반라의 청춘들에 둘러싸인 바닷물로 뛰어 들었다.

그러나 부드러운 모래사장만 기억하던 우리의 해운대나 경포대 바닷가 생각하다가는 큰일 날 상황이 발생했다. 산호초며 돌멩이며 기타 등등의 딱딱한 물체들이 파도가 밀려오는 경계선을 어김없이 메우고 있었다. 신발을 신지 않고 바다 속으로 들어가다가 혼비백산, 깜짝 놀라서 발을 거둬들이게 되는 형국이었다.

여기뿐만 아니라 근처 어느 해변을 가도 마찬가지 상황이었다. 에메랄드 빛 바다 어쩌고 하더니 수영하기에는 영 젬병인 그런 곳이었다. 스킨스쿠버나 스노클링 천국이라는 말이 이제야 이해가 되었다.

그래서 그런지 몰라도 끝없이 펼쳐진 선탠 의자에 선글라스로 무장한 청춘들이 바다 쪽을 향해 하염없이 누워만 있는 모습이 이해가 되었다. 하릴없이 찬 맥주만 축내다 수영복으로 갈아입으며 벗어놓은 낡은 팬티와 공항에서 새로 산 반바지를 잊어버리고 돌아오는 전세 보트에 몸을 실었다. 제기랄! 이래저래 롬복에 대한 기억이 좋을 리 만무하다.

나중에 알고 보니 우리가 정작 봐야 할 곳은 섬 뒤쪽이었다. 시간이 멈춘 듯 옛날 정취를 고스란히 간직한 자연을 그대로 두고 복작거리는 선착장 주변만 보고 필요 없이 실망감만 쏟아낸 꼴이었다.

걸어서 혹은 자전거로 천천히 둘러보면 아름답고 순수한 풍광에 반해 다시 오지 않을 수 없는 매직 아일랜드라는 사실을 그때는 어찌 알 수 있었겠는가?

선착장에서 본 압도적인 크기의 배낭을 짊어진 유럽 청년들이 떼거리로 몰려다니는 모습에 대한 설명은 이렇다. 그들은 롬복에 와서 며칠이고 낮에는 다이빙과 스노클링을 즐기고, 밤이면 파티에 취해 신나게 즐긴다는 것이다.

시간에 쫓겨, 그것도 롬복의 특성에 대한 정보 하나 없이, 그저 때 묻지 않은 관광지란 말만 믿고 간 무지의 소치로 애꿎은 롬복 욕만 하다 온 셈이다. 이곳을 좋아하는 분들에게는 죄송한 말씀이오나, 이 또한 여행의 한 단면이니 어쩔 수 없는 일이다.

헬멧을 쓰든가 안 쓰든가

임란Imran은 운 좋게 만난 착한 운전기사였다. 트라왕안에서 롬복으로 다시 배를 타고 나와 숙소로 귀환할 때 대기하고 있던 택시를 탔는데, 그 택시의 운전수가 임란이었다. 요금에 대한 실랑이가 잠깐 있었고, 오히려 그게 계기가 되어 다음날 일정을 그의 권고대로 온전히 맡기게 된 것이다.

좀 친해지고 나서 들어보니 통상 아침 7시에 시작해 밤 12시까지 일해야 하고, 그것도 쉬는 날이 하루도 없다고 한다. 너무 힘들지 않느냐고 했더니 자기는 가난하여 쉴 새 없이 돈을 벌지 않으면 안 된다는 답이 돌아왔다. 21살 딸은 시내 호텔에서 일하고 있지만, 17살 먹은 아들은 아직 밥벌이를 못한다며 걱정이었다. 여기나 저기나 가난한 사람들이 사는 방식이 다를 리 없다.

롬복 주민의 90% 이상은 무슬림이었다. 당연히 일부다처제가 보편적이며, 여자는 나이 15,6세가 되면 결혼을 한다. 조혼이 성행하는 이유는 경제적인 문제 때문이었다.

결국 인습이나 관습의 문제가 아니라 돈의 문제였던 것이다. 돈만 있으면 얼마든지 둘째, 셋째, 그 이상의 부인을 둘 수 있다는 것이 '가난한' 임란의 설명이었다.

그의 추천으로 번잡함과는 거리가 멀다는 쿠타 해변으로 가는 도중에 잠시 사삭Sasak 족 전통부락에 들렀다. 그곳의 경우도 비슷했다. 현재 150여 가구에 약 700명이 살고 있는데, 모두가 '한 가족'이라는 것이다.

여러 소수민족 가운데 오로지 자기들만의 고유어를 사용하며 직접 목화솜을 털어 천연재료로 염색하여 우리 식의 팔찌나 식탁보, 옷감 같은 것을 직조해 근근이 삶을 이어가는 마을이다. 가난하기 때문에 좀체 이곳을 벗어날 길이 없다고 했다. 결혼도 거의 사촌끼리 근친혼으로 이루어지며, 웬만해선 부락을 탈출할 길이 없는 곤궁한 삶이 이어진다.

그중 몇몇 젊은이들이 한두 마디 영어를 배워 관광객들 상대로 마을을 소개해 주며 수고료를 받는데, 이런 정도로도 말하자면 일종의 특권층 행세를 하고 있었다. 상대적인 여유의 소산인가, 수고료를 달라고 하지 않고 '가이드에게 기쁜 마음으로 도네이션하라'는 말이 귓전을 울렸다.

도로는 웬만하면 편도 1차선이었다. 넓지 않은 길을 온갖 종류의 오토바이와 자동차가 혼재되어 달리는 모습은 베트남이나 인도네시아나 별반 다를 바가 없었다.

하지만 결정적인 차이를 분명히 느낄 수 있었다. 베트남에서는 오토바이 헬멧을 쓰지 않은 경우를 거의 볼 수 없었지만, 인도네시아의 경우 헬멧을 쓴 사람이 반도 안 된다는 점이다. 좀 심하게 말해 거의 없다고 하는 편이 더 옳은 말이다.

차를 타고 이동할 때마다 드는 생각이 저러다가 사고라도 나면 어쩌나 하는 것이었다. 택시기사에게 물어보니 역시나 사고가 적지 않다고 한다. 특히 젊은이들이 호기롭게 몰고 다니다가 다치는 경우가 많다는 것이다.

버스가 때맞춰 다니는 것도 아니고, 관광객들처럼 필요할 때마다 택시를 탈 수도 없으니, 오토바이 없으면 아무 것도 못

하는 그들에게 일상과 안전의 구분은 결코 쉬운 일은 아닐 것
이다.

아하 풀 빌라!

롬복에서는 집사람이 인터넷 뒤져 자신 있게 정했다는 소
위 풀 빌라에서 묵기로 했다. 덴파사 공항에서 도심인 승기기
Senggigi를 지나 바닷가에 위치한 수다말라 리조트란 곳이다.
인도네시아 전통미를 살린 건물과 바닷가에 인접해 파도소리
가 그대로 들리는 원형 풀장과 야외 레스토랑이 적절하게 배치
된 쾌적한 분위기였다.

그러나 밤늦게 착륙하여 군인들이 판치는 시골 간이역 같은
공항의 불온한 분위기에 주눅 들어 있었다. 게다가 자정 넘어
도착한 리조트 로비에서 수속하며 한참 동안 실랑이하느라 주
위를 둘러볼 새도 없었다.

우여곡절 끝에 안내받은 숙소는 외관은 멀쩡해 보였다. 하지
만 우리의 정서와 맞지 않는 묘한 열대 과일 같은 냄새가 첫 인
상을 망쳐버렸다.

또 하나 기겁할 풍경은 화장실이 완전히 개방되어 있는 것이
다. 침실과 벽 하나를 사이에 두고 있는 화장실은 덩그러니 변

기가 놓여 있고, 그 옆은 바로 샤워장이다. 일 보고 그대로 씻는 것이 관례라고 하긴 하더라마는, 영 익숙지 않은 풍경임에 틀림 없다.

뭐 어찌할 수가 없어 그 시간에 와인 한 병 시켜 액막이하듯 들이키고는 잠을 청했다. 그럼에도 불구하고 결국 새벽녘에 매니저에게 불평을 쏟아내지 않으면 안 되는 불면의 밤이 계속되었다.

다음날 바닷가 야외 레스토랑에서의 조식으로 마음이 조금 풀린 우리에게 리조트 측에서 정중한 사과를 했다. 오늘 관광을 마치고 돌아오면 풀 빌라로 옮겨준다는 것이다. 집사람의 요구가 더해져 3일째는 파도소리가 들리는 바닷가 객실을 제공하기로 흔쾌히 동의해 주기까지 했다.

원래 친절한 것인지 아니면 인터넷 강국에서 악플깨나 달아본 듯한 한국인의 명성을 배려한 것인지 모르겠다. 어쨌거나 풀장 옆 레스토랑에서 마신 마가리타만큼이나 상큼하게 기분전환된 것이 사실이다.

그날 저녁 3개 섬 일주를 나갔다가 과히 유쾌하지 않은 기분으로 트라왕안만 둘러보고 바닷물의 눅눅함에 젖어 터덜터덜 리조트로 돌아왔더니, 약속대로 이미 여행 가방이 풀 빌라로 옮겨져 있었다.

피곤한 마음에 어제의 냄새 나는 객실보다야 낫겠지 하고 심드렁하게 따라간 풀 빌라는 그러나 우리의 예상을 뛰어넘는 별천지였다. 리조트 내에서도 별도의 담장으로 둘러쳐져 있어 그야말로 완벽한 독립성을 보장해 주었다. 그에 더해 무엇보다 별도의 풀장이 따로 있어 'Full Villa'가 아니라 'Pool Villa'라고 한다는 사실을 내 어찌 알았겠는가?

편히 잘 쉬라는 인사와 함께 종업원이 문을 닫아주고 나가자마자, 생각할 겨를도 없이 몸에 걸친 모든 옷가지를 홀러덩 벗어버리고 풀장으로 뛰어 들었다. '본능적으로'라는 말을 내 짧은 일생에서 몇 번이나 써봤을까? 그래서 또 한 병의 와인이 숙소로 배달되어 왔다.

저녁에는 가지고 간 옷 중에서 가장 깨끗한 옷으로 갈아입고 롬복에서 가장 번화한 거리인 승기기로 진출하기로 했다. 낮에 환전하기 위해 잠시 나왔다가 들어가는 길에 보니 해안가를 따라 호텔이나 리조트를 위시하여 레스토랑과 바가 즐비했다. 현지 분위기에 취해 볼 기회를 마련해 보고자 한 것이다.

해산물이며 쌀국수에 어느 정도 질릴 때가 되기도 했던 터라 리조트 직원의 조언대로 스퀘어라는 스테이크 하우스를 택했다.

해진 후의 제법 선선해진 공기로 인해 마음이 누그러진 탓이었을까? 전형적인 패밀리 레스토랑 형태의 식당 2층 촛불을 켜둔 테이블에서 와인 곁들인 스테이크를 미디엄으로 주문했다.

그다지 저렴하지 않은 값에 비례한 특급의 맛이 따라온 것은 아니었지만, 그냥 맛있다고 입을 맞추기로 했다. 우리에게 자주 있을 일이 아니었기에 더 그런 생각이 들었는지도 모르겠다.

밥만 달랑 먹고 숙소로 돌아가기 뭐해서 다른 식당은 어떻게 생겼나 하며 이곳저곳을 두리번거리는데, 라이브밴드 소리에 발길이 이끌렸다. 타망이라는 이름의 식당은 본체 건물도 규모가 작지 않았으나, 큼지막한 야외정원이 잘 정리되어 있어 굳이 실내를 고집할 이유가 없었다.

공기 선선하고 배도 적당히 부른데다 여행지 특유의 시끌벅적하고 이국적인 분위기에 취해 자연스럽게 분위기에 녹아들어 가기로 했다. 주문하고 안주가 나오는 데 꽤 시간이 걸렸다는 점도 큰 문제가 되지 않았다. 좋은 밤이에요!

장엄한 일몰과 모히또 한 잔

다음날은 임란의 추천대로 번잡한 3개 섬 투어를 포기하고 좀 더 한적함을 보장한다는 쿠타 해변으로 갔다. 말 그대로 화보에서 본 듯한 에메랄드 빛 바닷가에 수영복 차림의 관광객 몇 명을 제외하고는 어제의 번잡함은 눈을 씻고 봐도 찾을 수 없었다.

그런데 예상치 못한 문제가 발생했다. 천혜의 자연 속에서 고유의 삶을 살아가던 토착민들이 관광객들이 밀려오면서 빠른 시간에 오염되었다는 것이다. 말인즉슨 따로 자릿세 받는 장사치는 없으나 옷가지며 카메라며 핸드폰 등등을 보관할 곳이 없어 그냥 모래사장에 두고 수영이라도 하고 나올라치면 누군가의 손을 탄다는 것이다.

이러니 잔뜩 불안에 찬 눈초리로 사방에서 달려드는 눈만 반짝반짝하는 아이들과 머리에 뭔가를 이고 다니며 끊임없이 사주기를 강요하는 아낙네들 사이에서 조바심이 극에 달했다. 집사람이 바닷물에 들어가면 내가 망을 보고, 내가 파도에 발이라도 담글라치면 집사람이 나와서 망을 봐야 하는 웃지 못할 사태가 벌어진 것이다.

해수욕에 환장한 사람들도 아니고 해서 그냥 짐을 싸기로 했다. 근처 식당에서 모래 잔뜩 묻은 수영복 차림 그대로 찬 맥주와 파스타로 점심을 때웠다. 그 큰 식당에서 맥주가 떨어졌다며 추가 주문을 받지 않는 통에 기분은 상할 대로 상했다.

아무래도 미안한지 임란이 정말 아무나 못 가는 조용한 해변이 있으니, 속는 셈 치고 한 군데만 더 가자는 제안을 했다. 별로 할 일도 없던 터에 고개를 넘고 넘어 찾아간 곳은 아마도 마운 비치Mawun Beach가 아니었나 싶다. 영화에나 나올 법한 똑 그대로의 모습으로 아담한 해변이 우리를 기다리고 있었다.

선탠 의자에 누워만 있어도 한 폭의 그림이 되는 곳에 우리가 다시 올 일이 있겠느냐며 여행 말미의 쓸쓸함과 초조함을 쓰디쓴 맥주로 달래기에 제격이었다. 어떻게든 우리 기분을 바꿔놓으려고 애쓰는 선량한 임란 덕분에 최고의 경험을 한 셈이다.

한껏 업그레이드된 기분으로 리조트로 돌아왔더니 역시 약속대로 이번에는 해변가 파도소리 들리는 2층의 객실로 안내해 주는 것이 아닌가? 말하자면 3일 투숙하는 동안 매일 다른 형태의 객실에서 색다른 기분을 맛볼 수 있었다.

집사람은 지칠 법도 한데 잠시 쉬자는 말은 콧등으로 떨쳐내고 야외 풀장으로 직행, 낮에 제대로 즐기지 못한 수영을 벌충하고서야 숙소로 올라 왔다.

저녁은 전날 밤 둘러보았던 승기기 지역의 근사한 스테이크와 지역 특유의 흥겨움이 넘쳐나는 바가 그립기도 했지만, 일부러라도 보러 온다는 일몰을 즐기기 위해 야외 레스토랑을 이용하기로 했다.

그새 정이 든 식당 종업원은 우리에게 귓속말로 "너네 한국에서는 매일 와인을 그것도 병째 마시냐?"며 친근함을 표시했다. 아로마 마사지를 받고 온다는 말에 가장 전망이 좋은 바닷가 끝자리 좌석을 자기 끗발로 잡아두겠다는 친절을 베풀었다.

마사지를 받기 위해 집사람과 나란히 누워 매미 그물망 같은 팬티로 갈아입을 때만 해도 집사람 몰래 약간의 야릇한 상상을 하며 입술을 축였으나, 실상은 그저 그렇고 그런 정도의 마사지였다. 밖으로 나오자 일몰 보기에 적당한 시간이 되었다.

나름대로의 사연들을 간직한 각양각색의 관광객들이 조용히, 한편에서는 떠들썩하게 그러나 전체적으로는 완벽히 편안한 모습으로 맛있는 음식과 술과 밴드의 연주에 취해 가고 있었다.

와인을 마셨다. 그리고 마가리타 대신 헤밍웨이가 쿠바 어느 카페에선가 늘상 마셨다던가 하는 박하 잎 제대로 넣은 모히또를 특별히 주문하여 마시고 또 마셨다.

셀라마트 팅갈!

그렇게 우리의 여행은 끝났다. 무계획과 아무 것도 안할 자유와 우리 곁을 든든히 지켜준 마가리타와 와인… 정말 어렵사리 주어진 기회를 만끽하며 집사람에게 평생 진 빚의 아주 작은 부분을 갚았다는 안도감을 제일 큰 성과로 남겼다.

새벽잠 설치고 나와 공항까지 우정 태워준 임란에게 쓰고 남은 여행 경비를 모두 털어주고 진한 포옹으로 다음 만날 기회를 약속했다. 셀라마트 팅갈(잘 있어)!

롬복에 다녀온 지 꼬박 두 해가 흘렀다. 그리움이 스멀스멀 피어오르기 시작할 무렵, 난데없이 롬복에서 강진이 발생했다는 소식이 들려왔다.

부디 큰 피해가 없기를... 롬복의 아름다운 경관이 온전한 모습을 유지하고, 임란 같은 순박한 사람들의 일상에 평화만이 가득하기를 빈다.

지리산 블루스

　사람들은 내가 산에 간다고 하면 이구동성으로 등산이 아니라 산 밑 파전집에서 막걸리 마시는 이야기일 것이라고 지레짐작한다. 뭐 그래도 특별히 억울할 건 없다. 고어텍스 원단의 윈드 재킷이나 손때 묻어 반질반질한 등산스틱은 커녕 K2 마크 찍힌 머플러 한 장 지닌 게 없으니, 달리 변명할 길이 없기는 하다.

　그렇지만 말이다. 비록 변변한 등산화 한 켤레 남아 있지 않지만, 그래도 햇수로 치자면 수락산 10년, 소백산 10년에 이어 남한산성 10년을 바라본다. 지난 2003년부터는 지리산 천왕봉에서 기어이 증명사진 몇 장 찍겠다고 길을 나서고 있다.

　산꾼님들께는 정말 죄송하지만 산에 대한 외경심이나 뭐 그런 걸로 나선 길은 아니다. 낮은 산이나 높은 산이나 무조건 정상 찍고, 거기서 고등학교 교가 부르고, 오줌 한 번 누고(이걸 전문용어로 '호연지기浩然之氣'라 한다!), 그리고 내려와 한잔 하는 것이 산에 가는 유일한 이유인 걸 먼저 고백해야겠다.

　낮술과 게으름의 화신으로 나를 기꺼이 기억해 주는 모든 이들에게 천왕봉 새끼신령으로서의 유쾌한 반란을 담아 한방 먹여 드리는 바이다.

반역의 꿈을 안고 출발

행여 지리산에 오시려거든
천왕봉 일출을 보러 오시라
삼 대째 내리 적선한 사람만 볼 수 있으니
아무나 오시지 마시고
— 이원규의 시 〈행여 지리산에 오시려거든〉

지리산은 예로부터 금강산, 한라산과 함께 신선이 내려와 살았다는 삼신산의 하나다. 지혜로운 이인의 산智異山이라는 의미와 함께 두류산, 방장산 등으로도 불리는 명산이다.

그러나 방랑인의 눈길을 끄는 것은 따로 있다. 태조 이성계가 고려왕조를 무너뜨리고 이씨조선을 개국하려 할 때 전국의 명산에 기도를 올려 창업의 원대한 뜻을 물었단다. 유독 지리산만이 반기를 들어 이에 응하지 않으매 반역산 혹은 불복산으로 불리게 되었다는 대목이 그것 아닐까 싶다.

언감생심 이런 배경을 알지 못했다면 애시당초 나서지 않았을 것이다. 강의나 교육이 없는 날은 홀연히 둔갑법을 써서 낮술과 게으름의 절묘한 이치를 깨우치기 위해 공력을 쌓던 자에게 지리산 종주는 그림의 떡이요, 남의 밥에 들어 있는 나물에 지나지 않았으리.

산행 전날 밤이다. 지리산 산행에 같이 나설 일행들이 집결 장소에 슬금슬금 모이기 시작한다. 기대 반, 걱정 반의 묘한 감정들을 달래며 새로 산 배낭이며 등산화를 핑계로 말문을 튼다. 자정이 가까운 11시경 전세버스에 몸을 싣는다.

새벽부터 강행군이 시작되니 푹 자두라는 당부를 듣는 둥 마는 둥, 애초부터 소풍 전의 설렘을 잠재우기는 틀린 일이다. 떠들거나 말거나 버스는 밤길을 기세 좋게 달려간다.

새벽 1시~2시 전후해서 대개는 금산 인삼랜드 휴게소에서 잠시 쉬어 간다. 화장실 들렀다가 담배 한 대씩 피우는 와중에 눈치 빠른 친구들은 얼른 가락국수 한 그릇 뚝딱 해치우고 아무 일 없는 듯이 다시 버스에 오른다.

버스가 최신형이면 좋으련만 늘 그런 행운이 따를 수만은 없다. 어느 해에는 인원이 꽉 차는 바람에 여느 버스와 달리 하필이면 운신의 폭이 좁은 구조로 되어 있는 맨 앞좌석이 배정되었다. 다리도 제대로 못 펴고 쭈그리고 가는 바람에 산에 오르기도 전에 그로기가 되었다.

한 번은 유독 추운 겨울 날씨에 난방이 제대로 되지 않는 거의 폐차 직전의 낡은 차량이 배당되었다. 어찌어찌해도 물러나지 않는 한기를 벗 삼아 밤새 궁시렁거리며 억지 잠을 청하던 기억이 새롭다.

그리움은 삶에 대한 의지의 절실한 한 가지 표현이란다. 그리하여 또 어찌할 것인가. 떠남으로써 완성되는 나그네의 운명을 불평 없이 받아들이기로 한다.

벽소령까지 가야 내일이 편하다

지리산 자락으로 접어들면 여기서부터 시작이라는 듯 구절양장의 산길이다. 그래도 끝내 어둠을 가르고야 말겠다는 것인지 버스가 곡예를 부리기 시작한다. 이때쯤이면 제아무리 무신경한 분들도 잠에서 깨어난다. 사뭇 달라진 새벽 공기의 위세에 숨을 죽이며 까닭 모를 두려움에 잠시 몸서리를 치곤 한다.

새벽 4시~5시경 버스 종착지인 성삼재에 도착한다. 밤새 대기하고 있던 차가운 바람이 엄습하며 신참 등산객들의 정신을 빼 놓는다. 언제고 이 제대로 된 신고식을 피해간 적이 없다. 반쯤 기를 죽여 놓는 산신령의 새벽 기침이 환영의식 제1조다.

입산 신고가 끝나면 그래도 잘 닦인 도로를 따라 어둠을 등에 업고 묵묵히 행군을 시작한다. 1시간쯤 워밍업 삼아 걷다 보면 어느새 조용히 나타나는 노고단 산장이 정겹다.

지리산에 입문한 지 얼마 안 된 눈이 푸지게 내린 어느 겨울이었다. 제대로 된 동절기 장비 없이 예비군복에 목장갑 끼는 수준으로 나섰을 때의 이야기다. 어찌어찌하여 겨우 노고단까지 오는 도중에 방수 기능과는 거리가 먼 등산화가 벌써 얼어붙어 딱딱한 장작 수준이 되었다. 밥 짓는 버너 옆에서 눈치 보며 어떻게든 말려 보려고 용을 써보지만 무위다. 결국 설거지 대체용도로 가져간 1회용 비닐 백을 양말 위에 겹쳐 신고서야 출발할 수 있었다.

요즘에는 동네 뒷산 마실 가는 데도 에베레스트 정상 등반에나 필요한 기능성 등산복을 찾는다고 삐딱한 시선으로 바라보기도 하지만, 지리산을 겨울에 가볼 요량이라면 장비에 최소한의 투자를 하는 것이 현명할 것이다.

이제부터 본격적인 산행이 시작된다는 기대감과 중압감이 교차한다. 입맛을 느낄 새도 없이 시늉만의 아침 식사를 마치면 바로 노고단으로 이동한다. 피티 체조에 버금가는 몸 풀기와 함께 목청껏 소리 지르는 것으로 입산 신고를 대신한다. 원래의 노고단이 훼손되는 것을 우려해 그 모양 그대로 축소해 놓은 등산로 옆 모형에 정겨운 눈인사를 보낸다.

물이 있어야 밥을 해먹지

1시간~1시간 반 정도 산행 후 10분 휴식을 반복한다. 물이 있는 곳까지 가야 밥을 해먹을 수 있다는 단순명쾌한 진리 앞에 이의를 제기할 필요도 없이, 앞사람의 발뒤꿈치를 보고 걷고 또 걷는다.

때로는 샘이 있는 임걸령에서 오전 중 커피 브레이크를 갖기도 한다. 한 번은 시간을 줄여보고자 노고단을 그대로 지나쳐 임걸령에서 간편식으로 아침을 대신하는 일정을 잡은 적이 있다. 정말 살기 편해졌음을 느낀다. 장착된 끈만 잡아당기면 발열재가 작동하여 짜장 혹은 카레를 데워 강추위에도 불구하고 거뜬하게 한 끼를 해결할 수 있었다. 보온 효과까지 덤으로 제공해 주니 말 그대로 꿩 먹고 알 먹는 호사다.

전라와 경상의 물자가 교류하던 장이 섰다는 곳 가운데 하나가 화개 장터다. 그 화개로 빠지는 길이 나 있는 화개재쯤에 이르면 점심때가 되었음을 알게 된다.

누군가 지리산 종주에서 제일 힘든 곳이 어디냐고 묻는다면, 물론 개인별로 차이가 있을 것이다. 많이 나오는 대답의 하나가 대략 5백 몇 계단인가를 쉴 틈 없이 뒤에서 미는 힘에 의해 오르느라 깔딱거리는 숨을 참기 어려웠던 기억이라고들 한다.

그렇지만 나는 오로지 밥을 해먹기 위해 물이 있는 뱀사골

226

산장까지 기어 내려가 잠시 배를 채운 다음 다시 화개재로 올라오는 이 코스가 아닌가 싶다.

이 큰 산에 필요할 때 물이 부족하다는 사실은 참 아이러니다. 그러나 어찌하리. 엄격하게 통제된 등산로며 취사가 허용된 산장을 벗어나지 않는 범위에서만 물이 준비되어 있음을! 자연보호의 명분은 몇 갑절의 불편함이 따르더라도 감내해야 할 일임을 몇 번의 산행으로 깨우치기에 무리가 없다.

뱀사골 대피소는 규모가 그리 크지 않다. 어느 해 여름의 일이다. 하루 종일 비가 주룩주룩 내리는 속에 감당하기 힘들 정도의 많은 인원이 몰려 취사장은 발 디딜 틈 없이 북새통을 이루었다. 그나마 요행으로 억지 뜸을 들인 밥을 김치에 버무려 처마 밑에 한 줄로 죽 늘어서서 죽기 살기로 입에 퍼 넣던 기억이 눈물겹다. 그 와중에도 C-레이션을 까먹던 팀이 측은해 보이는 여유를 부리기도 했었지!

날씨가 좋으면 오후의 커피 브레이크 장소인 연하천 대피소에서 마지막 피로를 푼다. 부상자가 많거나 눈이 얼어붙어 행군이 더뎌지면 하는 수 없이 연하천에서 1박을 하기도 한다. 다른 곳과 달리 연하천은 개인이 운영하는 산장으로 규모가 크지 않다. 간혹 많은 인원이 몰리는 날이면 한바탕 난리법석을 치르기도 한다.

어느 해 겨울인가, 유달리 추운 날씨에 눈도 많이 왔고 해서 연하천까지 오는 도중에 부상자가 속출했다. 행군이 느려지기 시작했다. 연하천에 도달했을 때는 벽소령까지 갈 수 있는 여력이 도무지 보이지 않았다. 오후 5시면 해가 지기 시작하는데, 아시는 바와 같이 산중에서 해가 지면 모든 행동은 끝이다.

최악의 상황에서 어찌어찌하여 곱은 손 호호 불어가며 저녁을 간신히 때우고는 여성과 부상자 중심으로 최대한 많은 인원을 좁아터진 산장에 억지로 구겨 넣었다.

그러고도 도저히 수용될 수 없었던 몇몇은 눈바람만 피할 수 있을 정도의 임시변통 조치 속에서 밤을 지새워야 했다. 밤새 통성기도하는 자세로 휘몰아치는 산바람 뒤에 숨어 울음을 깨물며 두려움에 떨던 그 몇 시간이 하마 길기도 길었다.

해 지면 할 일이 없다

연하천 혹은 벽소령 산장에서는 특별한 일이 없으면 저녁식사 끝나고 바로 취침에 들어간다. 평소 사무실에서 앉아만 있다가 쫓기듯이 하루 종일 달려온 터라 몸들이 버틸 리 없다. 특별히 자라고 하지 않아도 인원 점검을 하고 나면 얼마 지나지 않아 코고는 소리가 진동을 한다.

여름이고 겨울이고 출발 이후 세수는커녕 양치도 못하고 하루 종일 땀에 절어 걷고 또 걸은 끝이다. 하여 온갖 시금털털한 냄새로 머리가 아프지나 않을까 걱정하지만, 그것은 기우에 지나지 않는다. 붙이는 파스에 뿌리는 에어로졸은 물론 맨소래담에 안티푸라민에 온갖 종류의 멘톨 향이 진동하여 다른 어떤 냄새도 걱정할 필요가 없다.

얼기설기 이어 놓은 임시 빨랫줄에 널려 있는 가지각색의 등산복이며, 솟대처럼 삐쭉빼쭉 뻗어 있는 스틱은 기본이다. 다음 날 아침용 갖가지 부식은 물론 배낭에서 튀어나온 온갖 생각지도 않은 물품들이 어지러이 널려 있는, 그야말로 더도 덜도 말고 꼭 굿당 같은 모습이 생각나 나도 모르게 슬그머니 미소 짓게 된다.

그런 와중에도 하루가 아쉬운 몇몇은 마치 오래된 약속처럼 그림자를 이루어 어디론가 사라진다. 그럴 듯한 카페나 주막이 기다리고 있을 리 없다. 조금 전까지 북새통을 이루던 취사장의 차가운 콘크리트 바닥에 등산화를 깔고 앉아 배낭 속에 고이 모셔온 '두꺼비 눈물'을 맛보는 기쁨이 없다면 과연 이 산행을 시작이나 했을 것인가?

오늘 산행에 대한 평가와 부상자에 대한 대책, 내일의 대체적인 일정을 짚어보는 종례를 빼먹을 수는 없다. 그런 연후에 비로소 자유로운 시간이 짧게 주어진다. 처음에는 어쭙잖은 산행 경력을 내세우기도 하지만, 대개는 막내 가이드의 그 어마어

마하고 무거운 배낭을 화두 삼아 가이드들의 산행담을 듣느라 시간가는 줄 모른다.

어느 해 겨울인가 같이 갔던 젊은 가이드의 얼굴이 떠오른다. 엄대장파가 아닌 박대장파의 일원(뭐, 반대라도 상관없음)임을 강조하던 그 친구는 번잡함을 극도로 싫어했다. 끝내 산장으로 들어가는 것을 마다하고 차가운 콘크리트 바닥에 매트리스 하나 달랑 깔고 비박을 청하던 모습을 잊을 수 없다.

내친걸음에 천왕봉까지

부득이 연하천에서 1박을 하게 되면, 새벽 걸음으로 벽소령까지 주파한 다음 벽소령 산장에서 아침 식사를 하게 된다. 전날 다행히 벽소령에 도달했다면 제법 느긋하게 아침을 즐길 수 있다. 하루 정도 지났을 뿐인데 일부는 베테랑 산악인 같은 거드름을 피우며 느긋하게 담배를 꼬나물기도 하고, 사진을 찍느라고 온갖 폼 잡아가며 바쁜 시간을 보낸다. 전날 저녁 해질 무렵의 두려움에 젖던 기억은 안중에도 없다는 듯한 모습이 가소롭다.

부상자들 상태를 체크한다. 정도가 가벼운 사람들은 하룻밤 자고 나면 대개는 거뜬해진다. 부어오른 발목을 어루만지며 진

통제의 기적을 믿고 잠들었던 일부는 도저히 통증을 참을 수 없어 산행이 더 이상 불가능한 지경에 이르기도 한다. 다시 오기 어려운 산행길이니 웬만하면 동료들의 도움을 받아 어떻게든 완주를 하겠다는 경우가 대부분이다. 하지만 절대로 의욕만 가지고 나설 수는 없는 일, 눈물을 머금고 하산을 결정해야 하는 경우도 몇 번인가 보았다.

그래도 이틀째라 제법 여유가 생긴다. 첫날의 뻣뻣함에서 벗어나 농담도 주고받으며 발길을 옮긴다. 일곱 명의 신선이 거닐었다는 칠선봉에서 단체사진을 찍고는 커피 브레이크에 이어 한바탕 땀을 더 흘리고 나면 세석평전이다. 산장에서 운 좋게 콜라도 사 먹어가며 천왕봉 등정에 대한 마지막 전의를 불태우는 점심식사가 이어진다.

세석평전 화장실 창틀에 비친 세상

봄이라면 일부러라도 세석평전 화장실에 앉아서 건너편 산록의 철쭉을 바라볼 일이다. 화장실 창틀을 통해 바라보는 분홍의 향연이야말로 한 폭의 그림이 아니고 무엇이랴! 이후 나는 지리산을 오를 때면 큰일 볼 것을 참고 참다가 마침내 세석평전 화장실에 이르러 깊은 교감을 나누며 회포를 푸는 것이렷다.

이때 다음날 기상 상황을 주의 깊게 판단해야 한다. 날이 흐리거나 눈비가 흩뿌릴 상황이면 다음날 새벽의 일출 보기를 포기하고 당일 오후에 천왕봉 등정을 강행하는 편이 좋다. 운이 좋아 날이 쾌청하면 장터목산장에서 하루를 묵은 후 새벽에 천왕봉을 오르는 것으로 일정을 짠다.

세석에서 장터목은 특별히 힘들일 일 없이 가뿐하게 주파한다. 구름에 잠겨 있는 산장 앞 공터에서 고래고래 소리 지르며 지리산 종주의 9부 능선을 돌파한 것을 자축한다.

유달리 산행이 힘들었던 어느 해의 일이다. 북받치는 감정을 추스르지 못해 악을 쓰다가 산장으로 불려가 다른 등산객들을 배려하지 않는 '참으로 몰지각한 행위'에 대해 충분히 반성하는 시간을 갖기도 했다. 어쨌든 여기까지 오면 어쩔 수 없이 솟아오르는 뿌듯함을 억제하기 어려운 게 사실이다.

장터목산장의 바람은 예사롭지 않다. 그렇게 막아도 어떻게든 한 대 피우려던 담배 생각마저 날려버릴 만큼 매서운 바람이 분다. 겨울 일몰 직전 산장 입구에 달려 있는 온도계의 눈금은 영하 19도. 어느 해 봄인가의 장터목의 한가로움이나 여름의 별 헤는 밤, 가을 저녁의 눈물 시리게 불타던 노을은 기억 속의 사치일 뿐, 빨리 모포 수령 후 입실하라는 산장지기의 방송 멘트가 절실히 기다려진다.

아쉬운 것은 첫날 기분에 겨워 '두꺼비 눈물' 배분에 실패하는 바람에 천왕봉 등정의 기쁨을 축하하는 자리가 썰렁해지고 만다는 점이다. 그야말로 억만금을 주고도 알코올 성분을 조달할 길이 없어 언제나 그렇듯 농담으로 마무리하게 된다. 복불복으로 산 아래까지 뛰어가서 소주를 사올 것인가 말 것인가!

증명사진도 제대로 못 찍고 쫓겨 내려오다

운이 좋아 날씨가 쾌청하다면(3대째 내린 적선한 공덕이 쌓인 것으로 판명이 되면?) 새벽을 서둘러 천왕봉天王峯에 오르게 된다. 잠에서 채 깨지도 않았고, 그간의 산행에 누적된 피로로 몸은 천근만근이다. 게다가 눈까지 내려 아이젠을 얼기설기 걸고 산을 오르자면 두 번 다시 올 길이 아니라는 생각이 불쑥 들곤 한다. 그렇지만 그도 잠시, 몸이 서서히 풀리면서 평생 한 번도 오르기 힘들다는 천왕봉을 오른다는 기쁨에 가뿐해지는 기분을 억누를 수 없다.

그러나 어디 천왕봉이 함부로 속살을 가볍게 보일 것인가. 말 그대로 산 중의 산이 기다리고 있다. 장터목에 이르면 '이제 다 왔구나' 하는 생각을 하기 마련인데, 비무장으로 가볍게 시작한 산행은 온전히 새로운 산 하나를 등정하는 풍미를 맛보게 하기에 부족함이 없다.

훼손되기 전에는 구상나무며 주목이며 잣나무 등 고산 침엽수림이 울창했다던 제석봉은 6·25전쟁이 마무리된 다음 벌목업자들의 마구잡이식 도벌과 그 흔적을 지우려던 방화로 인해 완전히 황폐화되었다고 한다.

지금은 '나무들의 공동묘지'라는 관리공단 안내문의 위로를 받으며 사연을 알 리 없는 이들에게 폼 나 보이는 몇 그루 고사목으로 남아 안간힘을 쓰며 버티고 있다. 안 그래도 고즈넉한 기분이 삼삼한데 안개라도 자욱이 깔리면 가슴을 저며 오는 그 쓸쓸함을 어디에다 비교할까? 지리산 종주에서 가장 아끼는 풍경 중의 하나다.

천왕봉을 지키며 하늘과 통한다는 통천문通天門은 신선조차 머리를 숙이지 않으면 통과할 수 없는 위엄을 지녔었다고 전해진다. 지금은 등산객들의 안전을 위해 설치한 철제 사다리가 을씨년스럽기 짝이 없다.

이제 정말로 다 왔다는 안도감에 젖은 그해 겨울, 통천문을 겨우 기어올라 천왕봉으로 이어지는 거친 바위들의 열병식을 관람하려는 순간이었다. 예고 없이 몰아친 돌풍과 눈바람에 순간적으로 '아! 이러다 죽을 수도 있겠구나' 하는 두려움이 목울대를 넘어 머리끝까지 엄습하던 기억을 절대 잊을 수 없다.

천신만고 끝에 드디어 천왕봉 정상이다. '한국인韓國人의 기상氣像 여기서 발원發源되다'라는 지표석이 언제나처럼 그 자리에서 표연하게, 고고하게 맞아준다. 아침 안개 위로 떠오르는 햇살을 제대로 감상한 적이 있었던가? 멀리 아스라이 펼쳐진 주능선의 넉넉함만이 확실하게 마음속에 자리하고 있다.

한때 마음속에 가둬두었던 치기어린 질문이 있었다.

'히말라야 고봉에 그렇게 고생해서 어렵게 올라갔는데 증명사진도 제대로 찍고 커피도 한 잔 하고 내려오지, 왜 저리 서둘러 내려오느라 등정이 인정되느니 마느니 하는 걸까?'

이 질문은 그러나 그야말로 살을 에는 듯한 추위에 카메라 셔터마저 장갑에 얼어붙는 상황을 목도하면 알게 된다. 칼바람이 당장에라도 벼랑으로 밀어버릴 듯한 기세로 무자비하게 휘몰아치면, 문득 정신이 아득해지면서 증명사진이고 뭐고 머릿속이 하얗게 비워지고 마는 것이다. 그 순간에 자연 의문도 풀리는 것이다.

어느 여름철 산행 때는 워낙 세차게 내리는 빗줄기 때문에 안전사고를 우려하여 장터목에서 천왕봉 쪽을 바라보며 가볍게 목례하는 것으로 만족해야 했다.

'이번에는 꼭 제대로 된 사진 한 장 찍어가야지'가 여지없이 공염불이 되곤 했던 기억이 중첩된다. 날씨 앞에 주눅 들기를 몇 차례 반복하던 어느 해 5월, 쾌청하다 못해 눈이 시린 하늘을 배경으로 사방을 둘러볼 수 있었던 호기로움! 그 기억 하나로 다시 지리산행 야간버스에 주저 없이 오른다.

끝내 정상에 올랐다는 뿌듯함으로 없던 힘까지 짜내어 다시 장터목으로 하산한다. 문득 올려다보았던 하늘의 그 총총한 별들이며 새벽녘 화장실 엉덩이에 스며들던 그 끔찍한 한기까지 산행 중에 있었던 온갖 무용담이 난무한다. 하산만 남겨놓은 상황, 아끼던 부식 있는 대로 털어 넣고 풍성하게 아침을 즐길 일만 남았다.

이 무슨 명약인고?

다시 온다는 기약 없이 아쉬움을 뒤로 하고 백무동으로 하산을 서두른다. 이미 만신창이가 된 상태라 엎어지고 깨어지며 쫓기듯이 구르며 앞만 보고 달리다 보면, 잠시 숨 돌리고 가라고 참샘이 기다리고 있다.

경험상 아끼고 아껴두었던 명약을 꺼내야 하는 경우도 종종 있다. 동료들의 부축을 받아 꺾어든 나뭇가지 지팡이 삼아 오로지 정신력으로 천왕봉에 올랐던 몇몇은 이 때쯤이면 맨정신으로는 도저히 한 걸음도 옮길 수 없는 상태가 된다. 서부극에나 나올 법한 금속제 납작한 위스키 병 속에 고이 모셔둔 호박색 액체를 포스트에 이를 때마다 아주 조금씩, 그러나 아낌없이 처방한다. 과연 화타 편작의 신묘한 의술이로다!

어쨌거나 하산 길은 힘들지만 틀림없이 즐겁다. 땀 흘린 후의 시원한 바람은 차치하더라도 여름 장마 후의 우렁찬 계곡물소리 하나만으로도 이 모든 고생을 보상해 주고도 남는다. 폭우경보로 천왕봉이 입산통제되었던 그 해, 그칠 줄 모르고 퍼붓는 빗속을 뚫고 간신히 계곡을 건너고 나면 금세 지나온 길을 흔적도 없이 지워버리며 차오르던 그 무서운 기세의 물살은 제외하고 말이다.

출렁다리가 보이면 백무동이다. '고생 끝의 낙'은 이때 마시는 막걸리를 두고 이름이 분명하다. 묵과 파전과 산채비빔밥과 막걸리가 있는 주막집 점심 풍경은 때로 남원까지 이어지기도 한다. 봉다리 커피야말로 단연 화룡점정, 더 이상 세상 부러울 것이 없다.

운이 좋아 날씨가 도와주고 산행이 순조로워 부상자로 인한 지체가 거의 없었다면, 지리산 온천에서 '무려' 1시간 동안 온천욕을 즐긴 후 콜라 한 잔의 호사를 기꺼이 만끽한다. 힘들게 고생은 고생대로 하고서도 뭔가 아귀가 맞지 않아 예정시간보다 늦게 내려온 날은 그 좋다는 숯가마 찜질방 온기도 느낄 틈이 없다. 샤워장에 줄 서서 들어가는 순서대로 비누칠하고 물 한 바가지 끼얹고 머리 말릴 새도 없이 귀경 버스에 오르기도 한다.

자는 사람은 자는 사람대로, 그 와중에 힘이 남아도는 몇몇은 그 나름대로 이야기며 게임이며 노래에 더해 휴게소 간식도 빠뜨리지 않는다. 이 세상 모든 것들을 향유하고야 말겠다는 자세로 어두워지는 차창을 사람 사는 풍경으로 물들인다. 버스는 모든 것을 알고 있다는 듯이, 때로는 아무 일도 없었다는 듯이 무심하게 서울로 발길을 재촉한다.

다시 세상 속으로

천왕봉 일출은커녕 지리산 자락 그림자도 밟아보지 못한 자들이 행세하는 세상!

발문

'걷는다'는 것은 박희용의 일상이다. 어제의 일상이고, 오늘의 일상이고, 내일의 일상이다. 그에게 '건너뛴다'는 없다. '대충대충 한다', '건성건성 한다'가 그에게 없다는 것은 그의 성격, 인격, 고집을 반증한다.

그에게 '여행'은 '걷는다'의 보완재이다. '여행기를 쓴다'는 것도 그의 '걷는다'의 증거물이다. 업여작가業餘作家가 아닌 약학박사가 여행기라는 수필을 진지하게 썼다는 것은 그가 얼마나 자기 삶 앞에 정직하려는지를 말해 준다.

여행기 속의 문장은 박희용 특유의 유머가 넘쳐난다. 평생의 업業인 '재미있게 강의하기'를 위해 애쓰던 모습이며, 사람들과 어울리는 자리에서 결코 유머를 양보하지 않던 모습을 떠올리게 한다.

엄혹한 유신독재 시절 그는 나의 권고로 소위 불온 시집을 배포하다 적발되어 박사학위 면접을 망쳤다. 프리랜서로 강의에 대한 갈증을 해소하던 그가 말년에 모교의 부름을 받게 됨으로써 비로소 마음의 빚에서 풀려났다.

그는 1년에 300일 넘게 부친과 저녁식사를 한다. 그와 술을 한잔하려면 누군가 그의 자리를 대신해 주거나 낮술로 때워야 한다. 책이 나오면 억지로라도 한 번쯤 그의 일탈을 부추겨야겠다.

임종철(시인)